Inhalt

BÄRBEL OFTRING

Bei dir piept's wohl!

KOSMOS

Zaunkönig

Rotkehlchen

Stieglitz

Amsel

Bei dir piept's wohl!

Freuen Sie sich, wenn dies jemand zu Ihnen sagt! Das bedeutet nicht, dass Sie nicht ganz richtig ticken – sondern es gibt viele Vögel rund um Ihr Zuhause. Und das sind tatsächlich viele, denn in Gärten wurden schon über 100 verschiedene Vogelarten gesichtet.

GEFIEDERTE FREUNDE

Vögel sind anders – sie besitzen Flügel, tragen ein Federkleid, besitzen einen Körper in Leichtbauweise, haben eine Körpertemperatur von rund 42 °C, und Singvögel haben sogar noch ein besonderes Singorgan. Neugierig geworden auf die Biologie der Vögel? – Dann lesen Sie weiter.

VÖGEL IN SIEDLUNGEN

Immer mehr Vogelarten entdecken die Dörfer, Siedlungen und Städte mit Gebäuden und Industrieanlagen, Parks, Gärten, Grünanlagen und Friedhöfen als guten Lebensraum, in dem sie alles finden, was sie zum Leben brauchen. Lernen Sie einige alteingesessene Vertreter und Neubürger kennen.

FUTTERPFLANZEN, MEISENKNÖDEL UND NISTKASTEN

Mit vielen Maßnahmen können Sie den Vögeln rund um Ihr Zuhause helfen und ihnen das Leben erleichtern. In diesem Kapitel bekommen Sie einen kleinen Überblick, was Sie alles tun können.

Vögel in unserem Garten

Vögel sind leicht zu beobachten und kommen uns im Garten sogar ziemlich nah. Sie erfreuen uns durch ihren Gesang und befreien die Pflanzen von Läusen und anderen Plagegeistern.

ÜBER VÖGEL

Einen Vogel erkennen Sie sofort – an den Flügeln, dem Schnabel, dem aus mehreren Tausend Federn bestehenden Gefieder. Dieses schützt den rund 42 °C warmen Körper vor Kälte, Nässe, Wind und bildet an Flügeln und Schwanz wichtige Trag- und Steuerflächen zum Fliegen. Da sich die Federn dabei ständig abnutzen, werden sie einmal im Jahr, meist im August, komplett durch neue ersetzt, mausern nennt man das.

TIPP

Täglich wenden die Vögel viel Zeit zum Putzen, Sortieren und Einfetten des Federkleids auf: Bieten Sie den Vögeln zur Gefiederpflege flache Badestellen mit Wasser und Sand an.

Mit nur 4–8 g Gewicht der kleinste und leichteste Vogel Europas: das Wintergoldhähnchen.

Vögel sind Leichtgewichte – ein 14 cm langer Maulwurf wiegt 80 g, ein gleich großer Singvogel hingegen nur 13 g. Vögel legen kaum Fettpolster als Reserve für Notzeiten an, die nur unnötiges Gewicht auf die Waage bringen würden – stattdessen müssen sie täglich Nahrung zu sich nehmen und überstehen keine Hungerzeiten. Darum ist ausreichend Nahrung das ganze Jahr über so wichtig für Vögel!

Vögel legen zerbrechliche Eier, die sie selbst durch ihre Körperwärme ausbrüten – dafür benötigen sie geschützte Nistplätze. Nach dem Schlüpfen versorgen sie die Küken mit meist tierischer Nahrung. Darum brauchen sie während der Brutzeit nicht nur für sich selbst, sondern auch für den Nachwuchs große Mengen davon, vor allem Insekten stehen ganz oben auf dem Speisezettel der Küken.

VÖGEL ERKENNEN UND BESTIMMEN

Achten Sie auf Größe, Körperform wie Schwanz- oder Halslänge, die Färbung des Gefieders, Form und Größe des Schnabels und auch die Länge der Beine. Relevant für die Artbestimmung ist auch, wo Sie den Vogel beobachtet haben – auf dem Boden, im dichten Gebüsch oder im beständigen Flug. Auch Rufe, Laute und Gesänge helfen Ihnen dabei herauszufinden, um welchen Vogel es sich handelt.

ERKLÄRUNG DER VERWENDETEN SYMBOLE

ZEITLICHES AUFTRETEN

Zugvögel, Sommervögel: Vögel mit diesem Symbol sind nur den Sommer über bei uns. Diese Zugvögel ziehen im Herbst nach Süden, manche verbringen den Winter in den Ländern rund ums Mittelmeer, andere fliegen weiter nach Ost-, Zentral- und Westafrika, einige sogar bis ganz ins südliche Afrika. Im Frühjahr kommen sie dann wieder zu uns zurück – zeitlich gestaffelt, je nach der zu bewältigenden Strecke vom Überwinterungsgebiet aus.

Ganzjahresvögel, Standvögel: Vögel mit diesem Symbol können Sie das ganze Jahr über bei uns beobachten – sie brüten hier und verbringen hier auch den Winter. Auch viele Teilzieher unter den heimischen Vogelarten wie Buchfink, Star oder Goldammer gehören in diese Kategorie: Ein Teil der hiesigen Population zieht zwar im Winter gen Süden, dafür kommen aber andere Individuen derselben Art aus dem Norden zu uns. Somit ist diese Art immer bei uns vertreten, auch wenn es nicht immer dieselben Individuen sind.

Wintergäste: Bergfinken und Seidenschwänze sind einige der Wintervögel, die im nördlichen Europa und Russland brüten und den Winter bei uns verbringen. Sie kommen aber nicht verlässlich in jedem Winter, nur wenn es nördlich von uns zu wenig Nahrung gibt.

NAHRUNG DER AUSGE-WACHSENEN VÖGEL

Körnerfresser wie Kernbeißer und Buchfink haben einen kräftigen Schnabel, mit dem sie auch harte Schalen öffnen können. Andere Körnerfresser wie Stieglitze können mit ihrem pinzettenartigen Schnabel winzige Samen von Wildblumen schälen. Auch am Futterhaus nehmen sie Körnerfutter an.

Insektenfresser wie Rotschwänze, Schnäpper, Schwalben und andere ernähren sich von Insekten, die sie auf unterschiedliche Weise erbeuten: lauernd von einer Warte aus, bei rasanten Jagdflügen in der Luft oder sammelnd auf Ästen, am Boden und anderen Plätzen.

Greifvögel und Eulen, aber auch Reiher und Störche gehören zu den Fleischfressern, die Mäuse und andere kleine Wirbeltiere erbeuten.

Sperber und Wanderfalke gehören zu den Vogeljägern, die vor allem Vögel erbeuten.

Bei Fischfressern wie Eisvogel, Reiher und Kormoran stehen Fische auf dem Speisezettel.

Vor allem im Herbst nehmen viele Vögel auch zusätzlich die kohlenhydrathaltigen Früchte zu sich.

Diese Vögel besuchen Futterstellen, die Sie in Ihrem Garten und rund ums Haus einrichten können. Wie das geht, erfahren Sie auf Seite 10 und den Umschlagklappen. An Futterplätzen können Sie wunderbar Vögel beobachten und bekommen für Ihr Engagement viele Momente, die Ihr Herz erfreuen.

BRUTPLATZ

Diese Vögel nisten in Baumhöhlen und nehmen gern Nistkästen an. Dabei wollen es Meisen und andere ganz dunkel, während Rotkehlchen lieber in helleren Halbhöhlenkästen brüten.

Diese Vögel sind Freibrüter, sie bauen sich ihr Nest frei ins Geäst von Büschen und Bäumen.

Vögel mit diesem Symbol wie die Spechte brüten in dunklen Baumhöhlen, nehmen aber keine Nistkästen an: Sie bauen ihre Baumhöhlen selbst und stellen dadurch sogar Wohnraum für Meisen, Kleiber und andere Höhlenbrüter her.

WARUM SINGEN VÖGEL?

Vom späten Winter bis etwa Mitte Juli fallen vor allem die Singvögel durch ihren typischen Gesang auf. Dann ist bei uns Brutzeit, in der manche Vogelmännchen (z. B. Stockenten, Lachmöwen) sogar ein besonders prachtvolles Gefieder tragen: Die Vögel tun sich zu Paaren zusammen, besetzen ein Revier, bauen darin ein Nest, legen Eier und ziehen die Küken groß – manche Vogelarten brüten sogar ein zweites oder gar drittes Mal. In den folgenden Kapiteln finden Sie in jedem Steckbrief Daten zur Brut: die Anzahl der Bruten (Gelege) pro Jahr, die Menge an Eiern pro Gelege, wie lange gebrütet wird und die Küken im Nest versorgt werden (Nestlingsdauer).

Während der Brutzeit singen vor allem die Vogelmännchen – sie locken mit dem Gesang ein Weibchen an und halten gleichzeitig männliche Artgenossen fern von ihrem Brutrevier. Singvögel können besonders vielfältig singen, denn sie besitzen einen besonders aufgebauten Stimmkopf (Syrinx).

Der Buchfink singt sehr viele Dialekte, seine typischen Gesangsschnörkel enden mit „Würzgebier".

DIE HÄUFIGSTEN BRUTVOGELARTEN

Quelle: DDA „Vögel in Deutschland"

Platz	Vogelart	Tendenz Bestand 2013 zu 2006
1	BUCHFINK	abnehmend
2	AMSEL	leicht zugenommen
3	KOHLMEISE	leicht zugenommen
4	HAUSSPERLING	stark abnehmend
5	MÖNCHSGRASMÜCKE	leicht zugenommen
6	ROTKEHLCHEN	leicht zugenommen
7	BLAUMEISE	leicht zugenommen
8	STAR	leicht zugenommen
9	ZILPZALP	abnehmend
10	RINGELTAUBE	leicht zugenommen

WIE GEHT DAS VOGELJAHR WEITER?

Spätestens Ende Juli ist die Brutzeit vorbei, nun ziehen sich die Vögel zur jährlichen Mauser zurück – daher fallen Vögel im August kaum auf. Ab September bereiten sie sich auf den kommenden Winter vor: Die Zugvögel verlassen uns nach und nach und ziehen in wärmere Gebiete ans Mittelmeer oder sogar bis ins südliche Afrika. Die sogenannten Standvögel verbringen auch den Winter bei uns, manche von ihnen wie Eichelhäher und Kleiber sammeln im Herbst Baumsamen und andere haltbare Nahrung als Vorrat. Im Winter kommen zu uns auch viele Vögel aus dem Norden und mischen sich unter die heimischen Vögel. Nun ruhen die Vögel die meiste Zeit, um Energie zu sparen. In der kalten Jahreszeit brauchen sie energiereiche Nahrung und Trinkwasser in unmittelbarer Nähe, da sie in kalten Nächten leicht 20 % ihres Körpergewichts verlieren. Im Spätwinter beginnt wieder die Brutzeit. Die Wintergäste ziehen zurück in den Norden, die hiergebliebenen Standvögel beginnen Brutreviere zu besetzen – und im März und April kehren die Zugvögel zurück, um ebenfalls hier zu brüten.

VÖGEL IN DORF UND STADT

Siedlungen mit Gebäuden und Industrieanlagen, Parks, Gärten, Grünanlagen und Friedhöfe sind gute Lebensräume für viele Vögel. Schon lange haben Schwalben, Mauersegler, Hausrotschwanz, Dohlen, Turmfalken und Schleiereulen die menschlichen Gebäude als Ersatz für natürliche Felsenlandschaften entdeckt. Meisen, Schnäpper, Zaunkönige und andere Arten wurden durch Hausgärten, Friedhöfe und Stadtgrün in die Siedlungen gelockt, während die von Menschen gehaltenen Hühner, Pferde und andere Tiere für Spatzen reichlich Nahrung mit sich brachten. Auch der Wanderfalke, vor ca. 40 Jahren fast ausgestorben, hat die Städte durch die reichlich anwesenden Tauben erfolgreich erobert.

048

Bei vielen Singvögeln die Regel, auch bei Rauchschwalben: Selbst wenn die Küken das Nest schon verlassen haben, werden sie auch von den Eltern gefüttert.

WEIT-VERBREITETER STADTVOGEL: DER HAUSROTSCHWANZ

033

027

Blaumeisen besuchen das ganze Jahr über oft und gern Futterstellen.

WAS BRAUCHEN VÖGEL?

Auf den einfachen Nenner gebracht, brauchen Vögel zum Leben: Nahrung, Wasser, Nistplätze und Verstecke. All dies können Sie in Ihrem Garten oder an Ihrem Wohnort den Vögeln zur Verfügung stellen.

— **Nahrung** Die meisten Vögel in den Siedlungen ernähren sich entweder von Samen und anderen Pflanzenteilen oder von Insekten. Beides können Sie in Ihrem Garten anbieten, wenn Sie konsequent auf heimische Wildpflanzen (Bäume, Sträucher, Blumen und Gräser) setzen, in denen sich dann auch

viele Insekten ansiedeln. Eine Auswahl an heimischen Wildsträuchern finden Sie auf der hinteren Klappe. Wald-Engelwurz, Flockenblumen, Wegwarte, Disteln, Natternkopf, Mädesüß, Steinklee, Karden, Königskerzen und viele andere Wildblumen bieten reichlich Samen, wenn – und das ist das Wichtigste – Sie diese Pflanzen nicht nach der Blüte oder im Herbst zurückschneiden, sondern über den Winter stehen lassen. Auch ungemähte Wiesenbereiche oder Blumenwiesen sind voller Samen- und Insektennahrung, während stehendes und liegendes

Alt- und Totholz, Reisighaufen und Holzstapel sowie Komposthaufen Anziehungsorte für Insekten sind.

— **Vögel füttern** Prof. Dr. Peter Berthold hat in seinen unzähligen Studien herausgefunden, dass ein 500 m² großer Naturgarten gerade einmal den Jahresfutterbedarf von drei Grünfinken deckt. Die meisten Gärten bei uns bieten durch das Pflanzen von in den Gartencentern angebotenen hochgezüchteten Pflanzen mit sterilen, nektar-, pollen- und samenlosen Blüten, monotonen Rasenflächen und den Einsatz

TIPP
Richten Sie in Ihrem Garten eine wilde Ecke ein, in der heimische Wildkräuter – gern Unkräuter genannt – nach Herzenslust wachsen und gedeihen dürfen. Die Vögel danken es Ihnen.

von Insektiziden sowie mineralischen Düngern aber noch nicht mal so viel Vogelnahrung. Hier wird deutlich, dass naturnahe Lebensräume großflächig für den natürlichen Nahrungsbedarf nötig sind. Um das Naturgärtnern zu unterstützen empfiehlt daher Peter Berthold uneingeschränkt, Vögel zu füttern, und zwar das ganze Jahr über! Optimal sind mehrere dezentrale Futterstellen mit diesem Angebot an hochwertigem Vogelfutter:

· am Boden, im Futterhaus, in Futterspendern: Streufutter mit Sonnenblumenkernen, Hanf und Erdnüssen
· im Futterhaus: in Sonnenblumen- oder Olivenöl getränkte Haferflocken
· Meisenknödel, Meisenringe und ähnlich geformtes Fettfutter, gekauft oder selbst gemacht: Rindertalg mit Weizenkleie, Sonnenblumenkernen, Hanf, Haferflocken und gehackten Nüssen, gern auch mit Rosinen oder getrockneten Insekten
· im Futterhaus, am Boden: Rosinen und Apfelschnitze

— **Wasser** Bieten Sie eine flache Schale mit Trinkwasser an, auch im Winter. Das Wasser regelmäßig erneuern und die Schale säubern.

— **Nistplätze und Verstecke** Diese finden Vögel in dornigen und stacheligen Sträuchern (Pflanzenauswahl in der

Der zweijährige Natternkopf sieht nicht nur gut aus, er nährt auch Bienen, Falter und Vögel.

Viele Singvögel verzehren die roten Samenmäntel oder sogar die giftigen Samen der Eibe.

hinteren Klappe), für Frühbrüter wie Grünfinken genügt ein immergrüner Lebensbaum oder Wacholder. Hervorragend sind auch dichte Kletterpflanzen wie Anemonen-Waldrebe, Efeu, Kriech-Rose oder Weinreben, ein rund um die Uhr offen zugänglicher Schuppen oder Dachstuhl!
Hängen Sie reichlich Nistkästen auf, z. B. alle 10 m in Hof und Garten. Davon profitieren dann auch Schnäpper und Rotschwänze, die im Frühjahr erst bei uns eintreffen, wenn Kohlmeisen, Blaumeisen und Co. viele Nistkästen schon besetzt haben. Achten Sie darauf, dass die Nistkästen absolut dicht sind,

damit keine Feuchtigkeit durch Ritze eindringen und zum Tod von Eiern und Brut führen kann!

— **Gefahren** Machen Sie Fensterscheiben für Vogelaugen sichtbar! Jährlich sterben allein in Deutschland viele Millionen Vögel, weil sie an Scheiben fliegen. Zum Schutz können Sie vor den Scheiben sich drehende Spiralen anbringen, dichte Muster aus Kreisen oder senkrechten Linien mit einem speziellen „Bird Tape" oder Vorhänge dahinter anbringen. Erkundigen Sie sich auch nach speziellen Vogelschutz-Glasscheiben. Nicht putzen hilft auch!

Kleine Vögel in Brauntönen

Viele kleine Vögel haben ein braunes Gefieder. Wer genau hinschaut, erkennt verschiedene Arten. Gärten, Parks und Friedhöfe laden zum Beobachten ein.

BRAUN IST EINE TARNFARBE

Braunes Gefieder ist bei den Vögeln keine Seltenheit, ebenso wie das Fell oder die Haut vieler Tiere braun ist. In der Natur gehört Braun zu den besten Tarnfarben, nicht nur weil Rinde, Äste und der Erdboden vorwiegend braun sind, sondern auch weil Braun im Dämmerlicht oder im Licht-Schatten-Spiel kaum auffällt.

BRAUN SCHÜTZT WEIBCHEN

Auch die Weibchen vieler bunter Vogelmännchen wie Buchfink, Gimpel oder Hausrotschwanz setzen auf ein braunes Federkleid. Das braune Gefieder schützt die Weibchen beim Brüten in den Nestern oder am Erdboden. Und weil Braun so eine gute Schutzfarbe ist, besitzen auch viele Jungvögel ein braunes Gefieder.

BESTIMMUNG SCHWIERIGER

Bunte Vögel lassen sich leichter bestimmen als braune, denn als „Augentiere" gelingt uns Menschen das Wahrnehmen von Farben besonders gut. Doch auch die braunen Vögelchen besitzen eindeutige Merkmale, an denen Sie sie erkennen können – Gesang und Rufe, typisches Verhalten oder weiße Flecken gehören dazu.

Der Feldsperling

Der „Feldspatz" mit der braunen Kopfkappe meidet die dichten Zentren der Städte – er ist lieber im Grünen.

MÄNNCHEN = WEIBCHEN

STECKBRIEF

NAME: *Passer montanus* (Sperlinge)

BEI UNS: ganzjährig

LÄNGE/GEWICHT: 12,5–14 cm/19–25 g

VORKOMMEN: Felder und Wiesen mit Gebüsch, Waldränder, Parks, Gärten

NAHRUNG: v. a. kleine Samen von Gräsern und Wildkräutern, auch Getreidekörner im weichen unreifen Zustand, Raupen und Insekten

BRUT: 2–3-mal im Jahr, 4–6 Eier, 11–13 Tage, Nestlingsdauer 13–15 Tage

MÄNNCHEN UND WEIBCHEN

Ganz leicht erkennen Sie den spatzenähnlichen Feldsperling an der schokoladenbraunen Kopfkappe. Weitere typische Kennzeichen sind die schwarze Kehle mit kurzem, kräftigem schwarzem Schnabel, der schwarze Fleck auf der Wange und das weiße Band im Nacken, das auch beim Auffliegen deutlich sichtbar ist.

001 WIE PIEPT ER DENN?

„Tschep tschep" – so singt der Feldsperling. Seine monotonen Gesangssilben ähneln sehr denen der Haussperlinge, sind aber rauer und weniger melodiös. Fliegend ruft er häufig „tek".

BADESPASS

LECKER!

SÄEN SIE VIELE SONNENBLUMEN AUS, DENN DIE UNREIFEN SAMEN WERDEN GERN AUS DEN BLÜTENKÖPFEN HERAUSGEPICKT.

Fliegend nimmt man den Feldsperling kontrastreich oben braun, unten hellgrau wahr. Männchen und Weibchen sind gleich gefärbt.

DER „FELDSPATZ"

Feldsperlinge halten sich in locker bebauten „grünen" Siedlungen mit Gärten, Sträuchern und Obstbäumen auf, während die nah verwandten, etwas größeren Haussperlinge (Spatzen, siehe Seite 16) auch die Innenstädte bewohnen. Die geselligen Vögel ziehen das ganze Jahr über in kleinen Trupps umher – auch während der Brutzeit. Ihre Nahrung finden sie in Gemüsebeeten, am Feldrand und auf Wiesen. Als Körnerfresser besuchen Feldsperlinge auch Futterstellen, an denen sie gerne Sonnenblumenkerne, feinere Sämereien, ungesalzene Erdnussstückchen und Fettfutter annehmen.

NISTKASTEN? JA BITTE!

In der freien Natur nutzen Feldsperlinge unterschiedliche Höhlen und Halbhöhlen als Nistplatz, den sie dicht mit Halmen, Stängeln und Federn füllen. In den Siedlungen brüten sie in Nischen und Spalten von Häusern, Scheunen und Ställen, nehmen auch gern gewöhnliche Meisennistkästen an. Kommen Feldsperlinge in Ihrem Garten vor, sollten Sie genügend Nistkästen aufhängen, sonst kann es passieren, dass ein Feldspatzenpaar schon mal Meiseneltern aus einem Nistkasten verdrängt. Bieten Sie zudem dichte Sträucher an, in die die Vögel bei Gefahr fliehen können.

Der Haussperling

In den Städten taucht der gesellige Hausspatz überall dort auf, wo Speisereste anfallen – in den Stadtcafés ebenso wie in Biergärten und Pferdeställen.

MÄNNCHEN

KECK UND ZIEMLICH FRECH

STECKBRIEF

NAME: *Passer domesticus* (Sperlinge)

BEI UNS: ganzjährig

LÄNGE/GEWICHT: 14–15 cm/22–32 g

VORKOMMEN: Dörfer, Städte, auch in den Innenstädten, nach der Brutzeit auch auf Wiesen und Äckern

NAHRUNG: Samen verschiedenster Pflanzen, Getreide (auch aus Pferdeäpfeln), auch Abfälle

BRUT: 2–3-mal im Jahr, 2–3 Eier, Dauer 12–14 Tage, Nestlingsdauer 13–17 Tage

MÄNNCHEN MIT GRAUEM SCHEITEL

Anders als beim Feldsperling (siehe Seite 14) unterscheiden sich beim Haussperling Männchen und Weibchen: Die kräftiger gefärbten Männchen besitzen einen grauen Scheitel mit kastanienbraunem Rand sowie eine schwarze Kehle und schwarze Vorderbrust, die im Winter wenig sichtbar ist. Die Weibchen sind unscheinbar bräunlich grau gefärbt.

LEBEN IM TRUPP

Ein Haussperling ist selten allein unterwegs, denn die geselligen Vögel leben das ganze Jahr über – auch während der Brutzeit – im Spatzentrupp. Die Gemeinschaft

SPATZEN BADEN GERN IM SAND. BIETEN SIE DEN VÖGELN EINE SANDIGE STELLE AN.

SPATZENTRUPP

SANDBADEN

002 WIE PIEPT ER DENN?

„Tschilp tschilp" ist der Gesang der Männchen. Er ertönt häufig aus dichtem Gebüsch vom ganzen Trupp. Mit trillerndem „drüü" warnt er vorm Sperber und anderen Luftfeinden, mit „kew kew" oder „terrettett" vor Katzen und anderen Bodenfeinden. Haussperlinge können auch die Warnrufe von Amseln oder Staren nachahmen.

schützt vor Feinden und lässt die klugen, neugierigen Vögel leichter lernen, zum Beispiel wie man neue Nahrungsquellen bei den Menschen nutzt. Vor über 1000 Jahren wanderte der Haussperling durch Ackerbau und Viehzucht bei uns ein. Als das Getreide noch auf dem Hof gedroschen wurde, fand dieser wenig scheue Singvogel überall reichlich Nahrung. Doch die Zeiten sind rauer geworden. In den letzten 100 Jahren wurden Nahrung und Nistplätze immer mehr Mangelware – und so steht der Spatz heute auf der Vorwarnliste der bedrohten Arten.

GUTES TUN FÜR SPATZEN

Hängen Sie reichlich Meisennistkästen auf, z. B. alle 10 m in Hof und Garten. Verzichten Sie dabei aber auf die „Mehrfamilien"-Spatzennistkästen, von denen höchstens einer oder die beiden äußersten angenommen werden. Lassen Sie im Garten die Samen von Gräsern und Wildkräutern reifen und pflanzen Sie heimische Laubbäume und Sträucher, in denen es reichlich Insekten für die Küken gibt. An der Futterstelle mögen Spatzen größere Sonnenblumenkerne, Erdnussstücke und grobe Getreideflocken.

17

Die Heckenbraunelle

Die Heckenbraunelle gehört zu den unauffälligsten Singvögeln bei uns, denn sie lebt stets versteckt im Gebüsch – aber ihr Gesang ist laut!

MÄNNCHEN = WEIBCHEN

STECKBRIEF

NAME: *Prunella modularis* (Braunellen)

BEI UNS: ganzjährig

LÄNGE/GEWICHT: 13–14 cm/19–21 g

VORKOMMEN: Wälder mit Gebüsch, Feldgehölze, Parks, Friedhöfe, Gärten

NAHRUNG: Fliegen, Käfer, Ameisen und andere Insekten, Spinnentiere, Schnecken, feine Wildkräutersamen

BRUT: 2-mal im Jahr, 3–6 Eier, Dauer 12–14 Tage, Nestlingsdauer 10–14 Tage

SPATZENÄHNLICH

Leicht könnte man die Heckenbraunelle dank ihres ähnlichen Gefieders mit einem Haussperlingsweibchen verwechseln, wenn da nicht deutliche Merkmale wären: Der Schnabel der graublau-bräunlichen Heckenbraunelle ist schlank und fein wie bei allen Insektenfressern, die Augen sind bräunlich (und nicht schwarz), zudem lebt dieser unscheinbare Singvogel niemals

ALS WEICHFUTTERLIEBHABERIN PICKT SIE RASCH KLEINE SÄMEREIEN, HAFERFLOCKEN, WEICHFUTTER, GETROCKNETE INSEKTEN UND FETTFUTTER AUF.

GUTER SÄNGER

EHER SCHEU

im Trupp wie die Spatzen. Männchen und Weibchen der Heckenbraunelle kann man kaum voneinander unterscheiden.

GEBÜSCHBRÜTER

Die Heckenbraunelle kommt überall vor, wo es genügend dichte Sträucher und Büsche gibt, in denen sie sich verstecken kann. Sie verlässt kaum das schützende Gestrüpp und wenn, dann hüpft sie ruckartig über den Boden, um gleich wieder zu verschwinden. Ihr recht großes, innen weich mit Moosen und Tierhaaren gepolstertes Nest aus Ästchen und Zweigen baut sie gut versteckt im kniehohen Gebüsch, gern auch in dichten Nadelbäumen.

KOMPLIZIERTES LIEBESLEBEN

Die Paarbeziehungen der Heckenbraunellen während der Brutzeit sind kompliziert geregelt: Sowohl Weibchen als auch Männchen besetzen jeweils eigene Reviere. Während die Weibchen gleichgeschlechtliche Heckenbraunellen aus ihrem Revier vertreiben, können sich die größeren Reviere der Männchen gegenseitig überschneiden. Gleichzeitig versuchen die Männchen, dass ihr Revier sich mit möglichst vielen Weibchen-revieren überschneidet, um sich mit möglichst vielen Weibchen zu paaren. Daher ist es unklar, wer genau der Vater jedes einzelnen Kükens ist.

003 WIE PIEPT SIE DENN?

Ab Februar/März suchen sowohl Männchen als auch Weibchen gern die Spitzen von Fichten oder anderen Gehölzen auf und singen ihre hastigen, trillernden und pfeifenden Gesangs-strophen in hohen Tönen, von kurzen Pausen unterbrochen. Kommt man dem Vogel zu nah, fliegt er sofort steil nach unten ins schützende Gebüsch.

Die Gartengrasmücke

Trotz ihres Namens gehört sie nicht zu den typischen Gartenvögeln – als Liebhaberin von hohem Gebüsch kommt sie nur in Gärten mit Waldcharakter vor.

MÄNNCHEN = WEIBCHEN

004 WIE PIEPT SIE DENN?

Wenn die Gartengrasmücke im Gebüsch verborgen singt, klingt das wie ein pausenlos sprudelndes Schwätzen und Plaudern in weichen Altflötentönen ohne irgendwelche Triller oder Schnörkel. Mit „wäd wäd wäd" warnt sie vor Gefahren. Bei Aufregung ertönt „chäck chäck chäck", mit dem auch die flügge werdenden Küken aus dem Nest gelockt werden.

STECKBRIEF

NAME: *Sylvia borin* (Grasmücken)

BEI UNS: Mai bis September

LÄNGE/GEWICHT: 13–14 cm/16–23 g

VORKOMMEN: gebüschreiche, eher feuchte Waldränder, Auwälder, Feldgehölze, Friedhöfe, Parks, Gärten

NAHRUNG: kleine, eher weiche Insekten, Spinnen, Schnecken, im Herbst auch Beeren

BRUT: 1–2-mal im Jahr, 4–6 Eier, Dauer 12 Tage, Nestlingsdauer 10 Tage

LANGSTRECKENZIEHER

Auch die unscheinbare Gartengrasmücke lebt – wie die Heckenbraunelle (siehe Seite 18) – heimlich in Büschen und Sträuchern, sodass man sie kaum zu Gesicht bekommt. Erst wenn ihr plaudernder Gesang aus dem dichten Gebüsch ertönt, weiß man, dass dieser Langstrecken-

BEERENLIEBHABERIN

SINGT AB MAI

GARTENGRASMÜCKEN AHMEN AUCH DIE STIMMEN ANDERER VÖGEL WIE ETWA VOM BUCHFINK NACH UND BAUEN SIE IN IHREN GESANG EIN.

zieher unter den Zugvögeln wieder aus den Überwinterungsgebieten südlich der Sahara zurückgekehrt ist. Männchen und Weibchen sehen gleich aus – eintönig olivbraunes Gefieder mit heller Brust- und Bauchseite, relativ große schwarze Augen und ein relativ kurzer heller Schnabel.

NUR WENIG ZEIT

Zum Finden eines geeigneten Nistplatzes im bodennahen Gestrüpp, Bau eines recht großen, unordentlich aussehenden Nests, Brüten und Aufziehen von drei bis fünf Küken hat die Gartengrasmücke nur vier Monate Zeit. In manchen Jahren brütet sie sogar zweimal. Danach muss

sie sich schon ausreichend Fettreserven anfressen für den langen Zugweg ins südliche Afrika – das tut sie vor allem durch den Verzehr von verschiedenen Beeren.

HECKEN HELFEN

Dichte Schlehe und Weißdorn gehören zu den bevorzugten Nistgehölzen der Gartengrasmücke – wenn Sie diese in

einer größeren Wildstrauchhecke im Garten integrieren, haben Sie schon ein Stück Lebensraum für diesen unauffälligen Singvogel geschaffen. Als Lohn hilft er Ihnen dabei, die Anzahl an Läusen und anderen Insekten zu reduzieren. Gartengrasmücken besuchen nur selten Ganzjahresfutterstellen, sind aber für eine flache Trinkschale mit Wasser dankbar.

Die Mönchsgrasmücke

Die Mönchsgrasmücke fällt durch ihren schönen Gesang auf – sie ist die häufigste unter den Grasmücken und steht an Platz 5 der heimischen Brutvögel.

MÄNNCHEN

STECKBRIEF

NAME: *Sylvia atricapilla* (Grasmücken)

BEI UNS: April bis Oktober

LÄNGE/GEWICHT: 13–15 cm/14–20 g

VORKOMMEN: baum- und gebüschreiche Wälder, Feldgehölze, Parks, Friedhöfe und Gärten, auch in Innenstädten

NAHRUNG: Insekten und Spinnen, auch Beeren

BRUT: 1–2-mal im Jahr, 3–6 Eier, Dauer 13–14 Tage, Nestlingsdauer 10–13 Tage

005 WIE PIEPT SIE DENN?

Sie ist eine der besten Sängerinnen. Ihr melodiöser, zwitschernder, hoher Flötengesang, der ab April aus dem Gebüsch ertönt, beginnt leise schwätzend, wird dann markant und endet mit einem Überschlag. Zum Ende der Brutzeit hin nimmt die Länge des Gesangs deutlich ab, ab Mitte Juli hört man ihn nicht mehr.

SCHWARZKÄPPCHEN UND BRAUNKÄPPCHEN

Die schwarze Kopfkappe des Männchens findet sich als „atricapilla" sogar im wissenschaftlichen Artnamen wieder. Die Weibchen besitzen eine rotbraune Kopfkappe, ebenso die flüggen Jungvögel im Sommer. Mönchsgrasmücken kommen bei uns fast überall vor – nur nicht dort, wo Bäume oder Sträucher fehlen. Sie halten sich meist im Gebüsch auf, leben aber nicht ganz so zurückgezogen wie Gartengrasmücken (siehe Seite 20) oder Heckenbraunellen (siehe Seite 18). Mönchsgrasmücken fressen neben jeder Menge Insekten und Spinnen gerne die Früchte von Schwarzem Holunder, Weinreben oder anderen Wildsträuchern.

DANK INTENSIVER FÜTTERUNG
IST ENGLAND EIN BELIEBTES
WINTERQUARTIER GEWORDEN –
UND BEI UNS?

WEIBCHEN

LIEBT FRÜCHTE

GEBÜSCHBRÜTER

Die Männchen geben sich viel Mühe, um ein Weibchen an sich zu binden: Sie singen nicht nur schöne Lieder, sondern beginnen auch schon in einem jungen Nadelbaum oder im bis zu 1,5 m hohen Gestrüpp mit dem Bau mehrerer Nester. Aus denen wählt sich das Weibchen eines aus, das dann mit Halmen und Stängeln fertig gebaut wird. Mönchsgrasmücken besuchen auch Futterstellen – sie bedienen sich dort an Meisenknödeln, fettgetränkten Haferflocken und ähnlichem Fettfutter, auch an kleinen Sämereien.

AUF NACH ENGLAND

Ursprünglich zogen die Mönchsgrasmücken als Kurzstreckenzieher in den Mittelmeerraum, wo sie den Winter verbrachten. Heutzutage ziehen viele über den Ärmelkanal nach England, denn dort werden Vögel seit rund 40 Jahren ganzjährig gefüttert. Hier sind die Wintertemperaturen relativ milde und das Futterangebot gut. Aufgrund des deutlich kürzeren Zugwegs kommen diese Vögel gut zwei Wochen vor den Mittelmeervögeln zu uns, besetzen die besseren Brutplätze und geben so die Zugstrecke gen England an ihren Nachwuchs weiter.

Der Gartenbaumläufer

Der kleine Gartenbaumläufer läuft wie eine Maus in ruckartigen Sätzen spiralförmig den Baumstamm hinauf – einzigartig!

LECKERES FÜR GARTENBAUMLÄUFER: BESTREICHEN SIE DIE RINDE DER BÄUME MIT FETTFUTTER.

MÄNNCHEN = WEIBCHEN

STECKBRIEF

NAME: *Certhia brachydactyla* (Mauerläufer)

BEI UNS: ganzjährig

LÄNGE/GEWICHT: 12–13 cm/8–12 g

VORKOMMEN: Wälder, Parks, Gärten mit Bäumen, Friedhöfe

NAHRUNG: kleine Insekten und Spinnen

BRUT: 1–2-mal im Jahr, 5–6 Eier, Dauer 15 Tage, Nestlingsdauer 15 Tage

GUT GETARNT

Auf dem Rücken ist das Gefieder des Gartenbaumläufers rindenfarbig braun gestreift, die Unterseite ist hell. Typisch sind der lange, dünne, nach unten gebogene, pinzettenähnliche Schnabel und der lange Stützschwanz aus kräftigen Schwanzfedern, außerdem die langen, gebogenen Krallen. Alles Voraussetzungen, um gut getarnt an der Rinde der Bäume emporzulaufen, sich auf dem Schwanz abzustützen, um Insekten und Spinnen aus den Rindenritzen zu picken.

006 WIE PIEPT ER DENN?

Prägen Sie sich gut die sehr hohen, lauten, pfeifenden Strophen des Gartenbaumläufers ein: „tütiü tititiroititit". Sie werden erstaunt sein, wie viele in Ihrer Umgebung leben – sofern es dort alte Bäume gibt. Den ähnlichen Waldbaumläufer, ein Bewohner von Nadelwäldern, können Sie am einfachsten am Gesang (abfallend „srriii") unterscheiden.

SONNENBAD

VERSTECK FÜRS NEST?

IMMER DEN BAUM HINAUF

Ist der Gartenbaumläufer bei seiner Nahrungssuche am oberen Ende des Stamms angelangt, so fliegt er zur Basis des nächsten Stammes und läuft an diesem wieder flink in Spiralen aufwärts. Baumläufer können auch kopfunter an den Astunterseiten entlanglaufen und dort Insektennahrung suchen. Ältere Laub- und Obstbäume mit grobrissiger Borke sind dafür bestens geeignet, diese sollten Sie unbedingt für den Gartenbaumläufer bewahren.

IN RINDENSPALTEN UND BAUMHÖHLEN

Der Gartenbaumläufer baut sein mit Moos gepolstertes Nest aus Ästchen, Rindenstücken und Kiefernnadeln in Spalten, Ritzen und Höhlen der Baumstämme. Er nimmt auch spezielle Baumläufernistkästen mit seitlichem

Einschlupfloch an, in 2–4 m Höhe direkt am Stamm angebracht. Darin verbringen Gartenbaumläufer auch kühle, windige oder regnerische Nächte, gern zu mehreren aneinandergekuschelt. In baumbestandenen Innenstädten brüten sie auch hinter Gebäudeverschalungen, Fensterläden oder in gestapeltem Brennholz.

25

Der Grauschnäpper

Der wenig scheue Grauschnäpper gehört zu den eher unauffälligen Vögeln im Garten, den Sie aber leicht bei der Jagd auf Insekten beobachten können.

007 WIE PIEPT ER DENN?

Der leise Gesang des Grauschnäppers aus einzelnen hohen „zrt"- oder „zzt"-Silben erinnert an das Zirpen von Heuschrecken. Auffälliger sind seine durchdringenden „ziieht"-Rufe oder sein warnendes metallisch klingendes „zie-tek-tek". Das so klingt wie zwei aneinanderschlagende Murmeln.

MÄNNCHEN = WEIBCHEN

STECKBRIEF

NAME: *Muscicapa striata* (Schnäpper)

BEI UNS: Mai bis September

LÄNGE/GEWICHT: 14–15 cm/13–19 g

VORKOMMEN: Wälder mit Lichtungen, Feldgehölze, Obstbaumwiesen, Alleen, Parks, Friedhöfe und Gärten mit Bäumen

NAHRUNG: Mücken, Fliegen, Libellen und andere fliegende Insekten, auch Wespen, im Spätsommer Beeren

BRUT: 2-mal im Jahr, 4–5 Eier, Dauer 12–14 Tage, Nestlingsdauer 11–15 Tage

AUF DER LAUER

Männchen und Weibchen sehen gleich aus – oben sind sie recht eintönig graubraun, unten hell gefärbt mit feinen graubraunen Strichelungen auf der Brust. Typisch sind die großen schwarzen Augen und der feine dunkle Insektenfresserschnabel. Zu ihrer Beute gehören vor

LUFTJÄGER

UNGEWÖHNLICH!

allem fliegende Insekten, denen der Grauschnäpper von einer freien, erhöhten Warte (Pfosten, Komposthaufen, lichter Ast) in aufrechter Haltung auflauert. Dabei zuckt er häufig mit Schwanz und Flügeln.

GESCHICKTER JÄGER
Hat er ein Insekt gesichtet, so fliegt er plötzlich los und packt nach kurzem, wendigem Flug die Beute mit dem Schnabel, dabei hört man oft knackende Geräusche. Danach kehrt er sofort zu seinem ursprünglichen Lauerplatz zurück. Beim Fliegen fällt der lange Schwanz auf. Grauschnäpper gehören zu den heimischen Singvögeln, die die längste Zugstrecke zwischen ihrem hiesigen Brutgebiet und dem Überwinterungsgebiet im südlichen Afrika zurücklegen. Vor dem Start im Herbst nehmen diese Langstreckenzieher viele Beeren zu sich, um Fettreserven aufzubauen.

← VOR DEM VERZEHREN WERDEN SORGFÄLTIG STACHEL UND GIFTBLASE VON BIENEN UND WESPEN ENTFERNT.

BESONDERE BRUTPLÄTZE
Grauschnäpper brüten am liebsten geschützt in offenen Höhlungen und Astlöchern an Stämmen, Holzstapeln, in Mauernischen oder dichten Efeuranken. Sie nehmen aber auch leere Schwalbennester, Türkränze, Blumentöpfe oder Halbhöhlen-Nistkästen an. Ein etwa 14 x 14 cm großes Brett mit 2–3 cm hohen Seitenwänden (schützt das Nest vorm Herunterfallen) können Sie alternativ an einer ruhigen Stelle unter Haus- oder Vordach anbringen.

Die Nachtigall

Wenn die Nachtigall nicht so auffallend schön singen würde, würde man sie nicht wahrnehmen – so versteckt lebt sie im Gebüsch.

FORSCHER HABEN FESTGESTELLT, DASS DIE NACHTIGALL TAGSÜBER BEI STARKEM VERKEHRSLÄRM LAUTER SINGT ALS NACHTS ODER AM WOCHENENDE.

MÄNNCHEN = WEIBCHEN

STECKBRIEF

NAME: *Luscinia megarhynchos* (Schnäpper)

BEI UNS: April bis September

LÄNGE/GEWICHT: 15–17 cm/18–27 g

VORKOMMEN: gebüschreiche Laubwälder, Parks, Friedhöfe und verwilderte Gärten, nur in milden Gebieten

NAHRUNG: Insekten, Spinnen, kleine Würmer und Schnecken, auch Beeren

BRUT: 1-mal im Jahr, 4–5 Eier, Dauer 14 Tage, Nestlingsdauer 13–14 Tage

008 WIE PIEPT SIE DENN?

Ihr lauter, auffallender Gesang besteht aus schluchzenden „dü düh düüh"-Flötentönen und aus harten, schnellen Lauten wie z. B. „trrr". Dabei wechseln sich längere Strophen, die wiederholt werden, mit anders klingenden Passagen ab. Manche Vögel beherrschen bis zu 260 verschiedene Gesangstypen, die jedes Jahr erweitert werden.

... ABER SCHEU

SUPERSÄNGER ...

MÄNNCHEN UND WEIBCHEN

Die Oberseite in einem warmen Rotbraunton, die Unterseite einheitlich hell, ein rostroter Schwanz, ein heller Ring um die großen schwarzen Augen – das sind die äußerlichen Merkmale, an der Sie eine Nachtigall erkennen, sofern Sie sie überhaupt zu Gesicht bekommen. Sie verlässt nämlich kaum die schützende Deckung von dichten Ästen und Zweigen – sogar zur Nahrungssuche am Boden hält sie sich im Gestrüpp auf.

ARIENKÖNIG

Sobald die Männchen im April bei uns angekommen sind, suchen sie sich passende Brutreviere aus und beginnen aus dem Gebüsch heraus zu singen, sogar bei Nacht. So locken sie Weibchen an, die etwas später zurückkommen. Hat das Männchen ein Weibchen gefunden, singt es nur noch morgens, abends und auch mittags, um konkurrierende Artgenossen vom Revier fernzuhalten. Männchen, die keine Partnerin finden, singen rund um die Uhr – doch spätestens Ende Juni, wenn die Brutzeit endet, verstummen auch sie. Das locker gebaute Nest aus Ästchen, Laub und Moosen liegt zwischen Pflanzen versteckt am Boden.

WINTER IN AFRIKA

Die Nachtigall überwintert in einem breiten Streifen von West- bis Ostafrika. Mithilfe von Minisendern haben Biologen herausgefunden, dass alle Nachtigallen einer Region im selben Gebiet überwintern: So verbringen die Individuen aus der Region Basel den Winter in Ghana und in der Elfenbeinküste, die aus Norditalien weiter östlich zwischen Ghana und Nigeria.

29

Der Zaunkönig

Im Garten kommt auch einer der kleinsten Vögel Europas vor – der sehr lebhafte Zaunkönig hält sich zwischen niedrigen Pflanzen und am Boden auf.

MÄNNCHEN = WEIBCHEN

STECKBRIEF

NAME: *Troglodytes troglodytes* (Zaunkönige)

BEI UNS: ganzjährig

LÄNGE/GEWICHT: 9–10 cm/8–13 g

VORKOMMEN: gebüschreiche Wälder, Parks, Friedhöfe und Gärten, gern in Wassernähe

NAHRUNG: Insekten, Spinnen, Asseln, Schnecken

BRUT: 2-mal im Jahr, 5–7 Eier, Dauer 14–16 Tage, Nestlingsdauer 15–18 Tage

KÖNIG ODER KÖNIGIN?

Beide Geschlechter des Zaunkönigs sehen gleich aus: fein gemustertes braunes Gefieder, heller Streifen über den schwarzen Augen und ein langer, feiner, spitzer, leicht nach unten gebogener Schnabel, typisch für Insektenfresser. Das kurze Schwänzchen stellt der rundliche Zaunkönig meist gleich nach

ZIELSTREBIG FLIEGT ER DICHT
ÜBER DEM BODEN,
MANCHMAL KÖNNEN SIE DABEI
DIE FLÜGELSCHLÄGE SCHNURREN HÖREN.

HUSCHT WIE EINE MAUS

SUPERLAUT!

der Landung keck senkrecht in die Höhe, oft zuckt er noch mehrmals.

UNTEN UNTERWEGS

Sein Verhalten erinnert an das einer Maus – flink huscht der Zaunkönig auf der Suche nach kleinen Beutetieren am Boden und zwischen niedrigen Pflanzen herum, schlüpft behände durch Zäune hindurch und verschwindet sofort auf einem bodennahen Zweig, wenn er sich entdeckt fühlt. Bei starker Erregung knickst er mit erhobenem Schwanz. Auch das kugelige Moosnest mit seitlichem Eingang liegt in Bodennähe. Im Frühjahr beginnt das Männchen mit dem Bau mehrerer Nester. Das Weibchen wählt eins aus.

KLEIN, ABER SEHR LAUT

Die schmetternden Passagen seines Gesangs erreichen Schalldruckpegel von bis zu 90 Dezibel, so laut wie eine Hauptverkehrsstraße im Berufsverkehr. In kühlen Nächten versammeln sich gern viele Zaunkönige an einem geschützten Platz, um sich gegenseitig zu wärmen. Doch an vielen Orten gibt es nicht mehr genügend Zaunkönige für solche Schlafgesellschaften – daher sterben in strengen Wintern viele. Zur Unterstützung können Sie Mehlwürmer und Fettfutter an einem versteckten Platz am Boden anbieten. Der Zaunkönig freut sich über Reisighaufen, Efeuranken, Brennholzstapel, Brombeergebüsch und Totholzhaufen.

009 WIE PIEPT ER DENN?

Der Gesang des Zaunkönigs ist sehr abwechslungsreich und das ganze Jahr über zu hören: Er besteht aus etwa fünf Sekunden langen, schmetternden Strophen mit raschen Trillern, die hastig aneinandergereiht werden, und endet mit einem spitzen Ton. Bei Gefahr ruft das Männchen kräftig „teck-teck" oder „tscherrrrr".

Die Goldhähnchen

Das Wintergoldhähnchen ist der kleinste Vogel Europas. Die Vögelchen sind ständig in Bewegung und besuchen vor allem im Winter gern Futterstellen.

WINTERGOLDHÄHNCHEN

STECKBRIEF WINTERGOLDHÄHNCHEN

NAME: *Regulus regulus* (Goldhähnchen)

BEI UNS: ganzjährig

LÄNGE/GEWICHT: 9–10 cm/4–8 g

VORKOMMEN: vor allem Fichten- und Kiefernwälder, auch Parks, Friedhöfe und Gärten mit alten Nadelbäumen

NAHRUNG: Springschwänze, auch Mücken und andere kleine fliegende Insekten, Spinnen

BRUT: 2-mal im Jahr, 7–10 Eier, Dauer 15 Tage, Nestlingsdauer 20 Tage

WINTERGOLDHÄHNCHEN

Das graugrünliche Vögelchen mit dem auffallend schwarz-gelborange-schwarz gestreiften Scheitel und dem kurzen, spitzen Schnabel wirkt umso kugeliger, je kälter es ist. Beim Weibchen fehlt im gelben Scheitelstreifen der Orangeton.

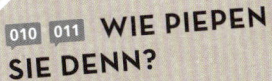

`010` `011` WIE PIEPEN SIE DENN?

Sie rufen hoch „si-si-si" oder „sit-sit-sit". An den leisen, sehr hohen Gesängen können Sie die beiden unterscheiden: Das Wintergoldhähnchen singt ein dünnes, auf- und absteigendes „Sisisisi" mit Endschnörkel „silü", das Sommergoldhähnchen ein leicht ansteigendes, etwas tieferes „Sisisisirrr". Kommen die Vögelchen näher, wenn Sie leise wispern?

SOMMERGOLDHÄHNCHEN

ÄLTERE MENSCHEN KÖNNEN MITUNTER NICHT MEHR DIE HOHEN TÖNE DER GOLDHÄHNCHEN HÖREN.

KUGELIGE GESTALT
(HIER: WINTERGOLDHÄHNCHEN)

Während der Brutzeit hält sich das winzige Wintergoldhähnchen gern in hohen Fichten auf, in die es auch sein dickwandiges Nest aus Moosen und Flechten baut. Dann weist oft nur der Gesang auf seine Anwesenheit hin. Nach der Brutzeit lebt es gern in kleinen Trupps.

SOMMERGOLDHÄHNCHEN

Das ein bisschen größere und buntere Sommergoldhähnchen ist nur im Sommer bei uns. Es brütet nicht nur in Nadelbäumen, sondern auch in Laub- oder Klettergehölzen wie Efeu und Clematis. Dort, wo beide Goldhähnchen vorkommen, machen sie sich kaum die Nahrung streitig: Während das Sommergoldhähnchen rastlos auf der Oberseite der Äste nach Insekten und Spinnen sucht, jagt das Wintergoldhähnchen unermüdlich auf der Unterseite noch kleinere Beutetiere.

ÜBERLEBENSWICHTIG

Täglich muss ein Goldhähnchen so viel fett- und kalorienhaltige Nahrung zu sich nehmen, wie es selbst wiegt – das Wintergoldhähnchen auch im Winter, wenn ihm nur wenige Stunden Tageslicht zur Verfügung stehen. Gern nimmt es dann auch Fettfutter an, z. B. auf die Rinde von Zweigen und Stämmen gestrichen. Die Vögel picken auch Brösel auf, die von Meisenknödeln ins Geäst fallen. Umherziehende Goldhähnchen tauchen mitunter sogar in den Städten auf.

Die Haubenlerche

Die Haubenlerche ist ein seltener Gast geworden, denn ihre guten Tage sind wegen der hochtechnisiert bewirtschafteten Äcker und Felder vorbei.

MÄNNCHEN = WEIBCHEN

STECKBRIEF

NAME: *Galerida cristata* (Lerchen)

BEI UNS: ganzjährig

LÄNGE/GEWICHT: 17–19 cm/35–45 g

VORKOMMEN: wenig bewachsene, offene, trocken-warme Flächen wie Brachland, Sportplätze, Weg- und Straßenränder, Bahndämme

NAHRUNG: Samen von Wildkräutern und Gräsern, im Sommer auch Insekten

BRUT: 2-mal im Jahr, 3–5 Eier, Dauer 12–13 Tage, Nestlingsdauer 13–15 Tage

MIT FEDERHAUBE

Haubenlerchen halten sich die meiste Zeit am Boden auf, oft in geduckter Stellung. Auf der Suche nach Nahrung trippeln sie in großen Schritten daher. Um die Umgebung zu überschauen, suchen sie gern erhöhte Stellen wie Pfähle oder Pfosten auf. Männchen und

ALS SINGWARTEN NUTZT SIE
GERN LEICHT ERHÖHTE STELLEN
WIE STEINE ODER
KLEINE ERDHAUFEN.

FLUGRUFE

TYPISCH: DIE HAUBE

012 WIE PIEPT SIE DENN?

Die Haubenlerche beherrscht viele verschiedene Rufe aus Flöten- und Zwitschertönen, die sie gern schwätzend aneinanderreiht. Sie ahmt auch andere Vogelstimmen oder Pfiffe nach und baut diese in ihren Gesang ein.

Weibchen sehen gleich aus: Das hell- und dunkelbraun gemusterte Gefieder ist auf Brust und Bauch heller, typisch ist die spitze Federhaube auf dem Kopf, die ein wenig zerzaust aussieht. Sie kann angelegt oder aufgestellt werden, ist aber stets als solche zu erkennen.

IM FLUG

Auffliegend fällt der gelbbraun-schwarz gestreifte Schwanz ebenso auf wie die rostroten Unterseiten der Flügel. Im Flug ruft die Haubenlerche häufig mit einem hochgezogenen nasalen Ton.

SPÄTSOMMERSCHWÄRME

Nach der Brutzeit ab Spätsommer bildet die Haubenlerche gern größere Schwärme, die sich dann auf den abgeernteten Feldern niederlassen.

Einst war sie ein Bewohner dürrer und karger Steppen, wo sie von der kleinbäuerlichen Landwirtschaft und Pferdehaltung profitierte. Dort gab es das ganze Jahr über genügend Insekten und Getreidekörner. Noch im letzten Jahrhundert eroberte sie die Marktplätze und Bahnhöfe der Dörfer und Städte, wo sie auch Hausgärten besuchte. Heute ist sie selten geworden. Zuweilen taucht sie vor allem im Osten an Bodenfutterstellen auf.

Die Haubenmeise

Das ganze Jahr über hält sich die kleine Haubenmeise vor allem in Nadelwäldern auf. Daher erscheint sie nur selten in Gärten.

MÄNNCHEN = WEIBCHEN

STECKBRIEF

NAME: *Lophophanes cristatus* (Meisen)

BEI UNS: ganzjährig

LÄNGE/GEWICHT: 11–12 cm/10–13 g

VORKOMMEN: Nadelwälder, Parks, Friedhöfe, große Gärten und Laub-wälder mit Nadelbaumbestand

NAHRUNG: kleine Insekten und deren Larven, Spinnen

BRUT: 1-mal im Jahr, 5–8 Eier, Dauer 14 Tage, Nestlingsdauer 20–22 Tage

KOPFSCHMUCK

Die etwa blaumeisengroße Haubenmeise erkennt man am besten an der hübschen, schwarz-weiß gemusterten Federhaube, die sie spitz aufstellen kann. Weiterhin fallen das einfarbig braune Körpergefieder auf und der schwarz-weiß gezeichnete Kopf mit der schwarzen Kehle. Haubenmeisen sind recht scheu und verstecken sich meist im Geäst, dort hört man sie vor allem. Sie sind nicht so gesellig wie Blau- und Kohlmeisen, oft treten sie paarweise auf.

HAUBENMEISENPARTNER BLEIBEN DAS GANZE LEBEN LANG BEISAMMEN.

TYPISCH: DIE HAUBE

NADELBAUMFREUND

013 WIE PIEPT SIE DENN?

Wenn man sie auch nicht sieht, so hört man die Haubenmeise in den Kronen der Nadelbäume: Die hohen, trillernden Rufe klingen wie „zi zi dürr dürr" mit rollendem RRR. Wenn Sie dann mit den Augen Ihren Ohren folgen, können Sie sie vielleicht entdecken.

IN NADELBÄUMEN

Die meiste Zeit hält sich die Haubenmeise in den Nadelbäumen auf. Dort sucht sie auf Ästen, Zweigen und zwischen den Nadelblättern nach kleinen Insekten und Spinnen. Im Winter frisst sie gern die feinen Samen in den Koniferenzapfen. Die Haubenmeise besucht auch Futterstellen, an denen sie Meisenknödel und anderes Fettfutter annimmt. Dieses können Sie auch in die Zweige von Nadelbäumen hängen oder auf die Rinde streichen. Weil sie gern Sonnenblumenkerne aus dem Futter pickt und als Vorrat in Rindenritzen versteckt, erscheint sie oft immer wieder an derselben Futterstelle.

HOCH HINAUS

Auch das Nest der Haubenmeise liegt hoch oben im Nadelbaum: Zum Brüten nimmt sie entweder eine verlassene Baumhöhle oder auch einen Nistkasten (Flugloch etwas kleiner als für die Kohlmeise, Durchmesser 26–28 mm) an oder hackt mit dem Schnabel eine Höhlung in morsche Stammbereiche.

Die Sumpfmeise

Trotz ihres Namens lebt die Sumpfmeise nicht in Feuchtgebieten, sondern überall dort, wo es genügend alte Bäume gibt.

MÄNNCHEN = WEIBCHEN

DAS MÄNNCHEN DER MÖNCHSGRASMÜCKE: EINDEUTIG ANDERS MIT DUNKLEN WANGEN, LANGEM SCHNABEL, KEIN KEHLFLECK!

STECKBRIEF

NAME: *Poecile palustris* (Meisen)

BEI UNS: ganzjährig

LÄNGE/GEWICHT: 12–13 cm/9–12 g

VORKOMMEN: feuchte Laub- und Mischwälder mit Eichen und Buchen, Feldgehölz, Parks, Friedhöfe, große Gärten

NAHRUNG: Insekten und Larven, Spinnen, im Herbst und Winter feine Samen

BRUT: 1-mal im Jahr, 6–10 Eier, Dauer 14 Tage, Nestlingsdauer 18 Tage

SCHWARZES KÄPPCHEN

An der tiefschwarzen Kopfkappe über den sehr hellen Kopfseiten ist die kleinköpfige Sumpfmeise gut zu erkennen. Unter dem kurzen Schnabel sitzt ein kleiner schwarzer Fleck, das unscheinbare Gefieder ist fast einfarbig bräunlich, unten heller, der Schwanz ziemlich lang. Männchen und Weibchen sehen gleich aus.

GUT ZUHÖREN!

014 WIE PIEPT SIE DENN?

Die hohen, niesenden Rufe der Sumpfmeise klingen wie „pitschu" oder auch so ähnlich wie eine Kohlmeise „psitjät psitjädät". Vor allem in den frühen Morgenstunden singt sie monoton klappernd und rasend schnell „tje tje tje" oder „tsiep tsiep tsiep" auf einer Tonhöhe bleibend.

WEIDENMEISE 015

ZIEMLICH TREU

Die Sumpfmeise ist nicht nur dem Partner treu, mit dem sie meist lebenslang zusammenbleibt und häufig zu zweit an Futterplätzen erscheint – sie bleibt am liebsten auch ihr ganzes Leben im gleichen Revier. Daher beobachten Sie vermutlich an einem Platz stets dieselben Sumpfmeisen. Sie nehmen auch Nistkästen mit kleinem Flugloch an, brüten aber lieber in natürlichen Baumhöhlen, die sie selbst mit dem Schnabel für ihre Bedürfnisse herrichten. Futterstellen besuchen sie regelmäßig; dabei nehmen sie oft mehrere Samenkörnchen in den Schnabel und verstecken sie als Vorrat in Rindenritzen.

WIE ZWILLINGE

Die Weiden- oder Mönchsmeise (Poecile montanus) sieht der Sumpfmeise täuschend ähnlich, sie kommt aber seltener in Gärten und Parks als diese. Die Weidenmeise brütet in stehendem Totholz, auch in morschen Pfählen und Pfosten. Am besten lassen sich die beiden Meisenarten durch Gesang und Rufe unterscheiden. Die Weidenmeise singt wehmütig mit abfallenden pfeifenden Tönen „zjü zjü zjü", ihre tiefen, lang gezogenen Rufe mit Triller am Ende klingen wie „zi zi däh däh".

39

Der Zilpzalp

Weil der unscheinbare Zilpzalp seinen Namen singt, verrät er sich sofort, wenn er ab März aus dem Mittelmeerraum in den Garten zurückkehrt.

MÄNNCHEN = WEIBCHEN

STECKBRIEF

NAME: *Phylloscopus collybita* (Laubsänger)

BEI UNS: März bis Oktober

LÄNGE/GEWICHT: 10–12 cm/6–9 g

VORKOMMEN: gebüschreiche Wälder, Parks, Grünanlagen, Friedhöfe und Gärten

NAHRUNG: Blattläuse und andere kleine Insekten und Spinnen

BRUT: 1–2-mal im Jahr, 4–7 Eier, Dauer 12–15 Tage, Nestlingsdauer 13–14 Tage

FRÜHLINGSBOTE

Der Zilpzalp ist ein kleiner, unscheinbarer Singvogel mit grünlich hellgraubraunem Gefieder, hellem Bauch und einem schmalen, spitzen Schnabel. Tatsächlich gehört er zu den häufigsten Vögeln bei uns. Nach der Rückkehr aus dem Überwinterungsgebiet singen die Männchen zunächst im Gebüsch, später in den

BLATTLÄUSE SIND SEINE LIEBLINGSNAHRUNG – DARUM LOCKEN SIE IHN MIT EINER WEIDE IN IHREN GARTEN.

„ZILPZALP"

FITIS 017

016 WIE PIEPT ER DENN?

Neben dem Kuckuck ist der Zilpzalp der Vogel, dessen Stimme ganz leicht zu lernen ist: Dieser kleine Singvogel singt ganz deutlich und klar in einem fort seinen Namen „zilp zalp zilp zalp", manchmal auch „zalp zilp" oder auch „zelp zilp". Ihn dann im Gebüsch zu entdecken ist weitaus schwieriger …

Kronen der Bäume. Die Weibchen, die später zurückkommen, halten sich nur im dichten Gebüsch und in Bodennähe auf. Dort bauen sie auch das typisch kugelige, oben geschlossene Nest, das an einen alten Brotbackofen erinnert.

WUSELIG
Solange die Gehölze noch keine Blätter tragen, können Sie den kleinen, umtriebigen Singvogel gut beobachten, wie er pausenlos im Geäst nach winzigen Insekten und Spinnen sucht. Dabei zucken Schwanz und Flügel in kurzem Takt. Gern hält er sich dann in Weiden auf, da die blühenden Kätzchen viele Insekten anlocken – daher sein zweiter Name: Weidenlaubsänger. Später pickt der Zilp-

zalp die Beutetiere auch von Blüten und Blättern, frisst an Futterstellen am Boden oder auf Äste gefallenes Fettfutter.

ZWILLING FITIS
Dieser kleine Singvogel sieht genauso aus wie der Zilpzalp – man erkennt ihn aber an seiner Stimme: Der Fitis, im Volksmund auch „Moll-Vogel" genannt, singt ein traurig klingendes Lied aus weichen, abfallenden „di"-, „dü"- und „dei"-Pfeiftönen. In Gärten und Parks brütet er eher selten, aber auf dem Zug von oder in die Wintergebiete in West- und Südafrika taucht er durchaus auch in Siedlungen auf. Nicht täuschen lassen – die Warnrufe der beiden Zwillingsarten Zilpzalp und Fitis klingen wie Varianten von „hüit".

Die Singdrossel

Die Singdrossel trägt ihren Namen zu Recht: Unter den Drosseln ist sie die beste und lauteste Sängerin.

MÄNNCHEN = WEIBCHEN

ZUM VERGLEICH: AMSELWEIBCHEN

STECKBRIEF

NAME: *Turdus philomelos* (Drosseln)

BEI UNS: März bis November

LÄNGE/GEWICHT: 21–24 cm/ 65–90 g

VORKOMMEN: kraut- und gebüsch-reiche Wälder, Feldgehölze, Parks, Friedhöfe und Gärten mit Bäumen und Sträuchern

NAHRUNG: Regenwürmer, Schnecken, Insekten und Larven (Engerlinge), im Herbst auch Beeren (Holunder, Heidelbeeren)

BRUT: 2-mal im Jahr, 3–5 Eier, Dauer 12–14 Tage, Nestlingsdauer 13–14 Tage

HÜBSCH GETUPFT

Zum Singen sucht sich das Männchen gern einen Ast im Innern einer Baum-krone aus; daher ertönt der vielfältige, laute Gesang von oben. Die Singdrossel sieht von der Statur her wie eine kleine Amsel aus, ist aber an Brust und Bauch auffällig hell und mit dicken braunen Tupfen verziert. Das Weibchen sieht genauso aus wie das Männchen.

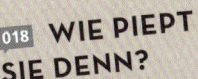

018 WIE PIEPT SIE DENN?

Die abwechslungsreichen Lieder der Singdrossel bestehen aus vielen verschiedenen kurzen flötenden, schnarrenden, pfeifenden und zwitschernden Motiven, die sie häufig zwei- oder dreimal wiederholt. Sie baut auch Passagen aus den Gesängen anderer Vögel in ihr Lied ein. In der Abenddämmerung haben Sie die besten Chancen, ihr zuzuhören.

„BAUMSÄNGER"

SINGDROSSELN SINGEN MEIST FRÜHMORGENS UND SPÄTABENDS. NUR UNVERPAARTE MÄNNCHEN STIMMEN AUCH TAGSÜBER IHRE SCHÖNEN LIEDER AN.

DROSSELSCHMIEDE

VERSTECKTES LEBEN

Die Singdrossel ist ein typischer schattenliebender Waldvogel. Die meiste Zeit verbringt sie am Boden und im bodennahen Gestrüpp. Oft verrät sie sich durch das Rascheln des Laubs, in dem sie auf der Suche nach Nahrung stöbert. Zum Nestbauen wählt das Weibchen gern die Krone einer Fichte aus. Dort baut es gut versteckt ein festes Nest aus Halmen und kleinen Ästchen mit einer tiefen Mulde, die sie mit einer Lehmmischung auskleidet.

DROSSELSCHMIEDE

Singdrosseln verzehren sehr gerne Gehäuseschnecken. Um an das weiche Innere zu gelangen, zertrümmern sie das harte Gehäuse auf einem passenden Stein, auch Treppenstufen eignen sich als „Amboss". Da sie diesen immer wieder benutzen, sammeln sich rund um diese „Drosselschmiede" viele kaputte Schneckenhäuser. An Futterstellen ist die Singdrossel eher ein seltener Gast, der auf ähnliches Futter steht wie die Amsel (siehe Seite 50).

Die Wacholderdrossel

Die bräunliche Wacholderdrossel ist so ziemlich das Gegenteil der Singdrossel – sehr auffällig, sehr gesellig und ohne schönen Gesang.

019 WIE PIEPT SIE DENN?

Wacholderdrosseln sind keine begnadeten Sänger – am markantesten sind ihre rauen, elsterähnlichen „schak schak"-Rufe, die das ganze Jahr über zu hören sind. Ihren geschwätzigen, gepressten Gesang tragen sie oft beim Fliegen vor.

MÄNNCHEN = WEIBCHEN

STECKBRIEF

NAME: *Turdus pilaris* (Drosseln)

BEI UNS: ganzjährig

LÄNGE/GEWICHT: 22–27 cm/80–140 g

VORKOMMEN: Feldgehölze, Obstwiesen, Parks, größere Gärten mit Bäumen

NAHRUNG: Regenwürmer, Insekten und deren Larven (Raupen, Engerlinge), Schnecken, im Herbst Früchte und Beeren

BRUT: 1–2-mal im Jahr, 5–6 Eier, Dauer 13–14 Tage, Nestlingsdauer 14 Tage

SEHR GESELLIG

Eine Wacholderdrossel sieht man selten allein – diese gesellige Drossel sucht nicht nur mit ihren Artgenossen Nahrung am Boden der angrenzenden Wiesen und im Geäst früchtetragender Büsche und Bäume, sie brütet auch als einzige der Drosseln in kleinen, lockeren Kolonien in den Bäumen. Männchen und Weibchen der buntesten Drosselart sehen gleich aus – rotbräunlich grauer Rücken, leicht orange Brust und heller Bauch mit dunklen Flecken, grauer Kopf und gelber Schnabel. Wacholderdrosseln fallen immer auf.

FLUGATTACKE!

WÄHREND DER BRUTZEIT
VERTREIBEN SIE KRÄHEN
UND BUSSARDE VOM NEST,
IN AUFFÄLLIGEN ATTACKEN
IN DER LUFT ODER DURCH
BESPRITZEN MIT KOT.

IM TRUPP

IM FLUG

Auch im Flug sind die amselgroßen Wacholderdrosseln leicht zu erkennen: Bei jedem Flügelschlag blitzen die weißen Unterseiten der Flügel auf, auffällig auch der graue Rücken und der schwarze Schwanz. Beim Fliegen singen Wacholderdrosseln gern.

KRAMMETSVOGEL

Dort, wo Wacholder wächst, besuchen die Vögel wegen der blauschwarzen „Krammet"-Früchte gern die Büsche. Auch Hagebutten, Äpfel und andere Wildfrüchte sind bei den Wacholderdrosseln begehrt – daher schneiden Sie hagebuttentragende Rosen erst im Frühjahr zurück (wenn die Forsythien blühen) und lassen Sie alle Wildfrüchte, auch Äpfel in Streuobstwiesen, über den Winter an den Zweigen hängen. Wacholderdrosseln besuchen auch Futterstellen, an denen sie am liebsten Apfelstücke, Haferflocken und gehackte Erdnüsse annehmen.

Noch mehr braune Vögel

Auf diesen beiden Seiten finden Sie noch mehr kleine Vögel mit braunem Gefieder, darunter auch zahlreiche Weibchen ♀ von Singvögeln.

Amsel ♀
Turdus merula

Das dunkelbraune Weibchen der Amsel (siehe Seite 50) besitzt einen dunklen bis blassgelben Schnabel. Wie das Männchen sucht es ebenfalls hüpfend auf Rasenflächen nach Regenwürmern.

Bluthänfling, Hänfling ♀
Carduelis cannabina

Das bräunliche Weibchen des Bluthänflings (siehe Seite 76) erinnert an ein kleines Spatzenweibchen. Achten Sie auf den kürzeren Schnabel, den gestrichelten Bauch und das viele Weiß am Schwanz.

Buchfink ♀
Fringilla coelebs

Das schlichte Weibchen sieht wie ein Buchfinkenmännchen (siehe Seite 78) in Brauntönen aus. Es verhält sich wie die Männchen – bei der geringsten Störung fliegt es sofort vom Boden ins Geäst.

Feldlerche
Alauda arvensis

020

Weit oben über dem Feld singt die Feldlerche unermüdlich ihr zwitschernd-trillerndes Lied. Früher typisch für unsere Kulturlandschaft, ist sie durch die industrielle Landwirtschaft selten geworden.

Felsenschwalbe `021`

Ptyonoprogne rupestris

In der Alpenregion erobert die Felsen-schwalbe, die größte heimische Schwal-benart, gerade die Städte und Dörfer. Dort baut sie ihr Nest unter Dachvorsprüngen und Brücken. Rasante Flugkünste.

Gimpel ♀

Pyrrhula pyrrhula

Das Weibchen des Gimpels (siehe Seite 82) kann man gut erkennen: Kopf, Flügel und Schwanz sind schwarz wie beim Männchen – zudem taucht es meist mit dem bunten Männchen auf.

Kernbeißer `022`

Coccothraustes coccothraustes

Kein typischer Garten- oder Stadtvogel, der Kernbeißer mit dem riesigen Schnabel lässt sich dort sehen, wo es harte Baum-samen von Hainbuchen, Wildkirschen und anderem Steinobst zu knacken gibt.

Klappergrasmücke `023`

Sylvia curruca

In gebüschreichen, größeren Gärten und Parks mit offenen Stellen kann sich die Klappergrasmücke ansiedeln, deren schneller, geschwätziger Gesang mit einem lauten, hölzernen Klappern endet.

Misteldrossel `024`

Turdus viscivorus

Die scheue Misteldrossel sieht wie eine riesige Singdrossel aus. Beim Fliegen fallen die weißen Unterseiten der Flügel auf, die der Singdrossel fehlen. Frisst auch gern weiße Mistelfrüchte in den Bäumen.

Rotschwanz ♀

Phoenicurus-Arten

Die Weibchen von Haus- und Gartenrot-schwanz (siehe Seiten 64, 66) sind eintönig graubräunlich mit rostrotem, ständig zu-ckendem Schwanz. Beide jagen fliegende Insekten von erhöhten Stellen aus.

Kleine schwarze und bunte Vögel

In diesem Kapitel finden Sie verschiedene kleine Vögel mit schwarzem oder buntem Gefieder.

BRAUNE WEIBCHEN
Bei vielen Singvögeln sind nur die Männchen schwarz oder bunt gefärbt, die Weibchen hingegen tragen ein braunes Gefieder. So sind sie besser getarnt und haben größere Überlebenschancen. Die braun gefärbten Weibchen sind auch jeweils abgebildet. Sie finden sie auch auf den Seiten 46/47 im ersten Kapitel.

BUNTE MÄNNCHEN
Vögel können hervorragend Farben sehen. Mit dem bunten Gefieder machen die Männchen während der Paarungszeit andere Weibchen auf sich aufmerksam. Zudem überzeugen sie die Geschlechtspartnerin durch kräftige Farben von ihrer stabilen Gesundheit – ein wichtiges Kriterium für gesunde Nachkommen.

BUNTE FEDERN
Die Vielfalt der Farben der Vogelfedern ist erstaunlich groß: Dabei entstehen die Farben nicht nur durch eingelagerte Pigmente wie etwa die Carotinoide mit Farben von Gelb über Orange und Purpur bis Rot, sondern auch durch eine besonders feine Struktur der Oberfläche der Federn. Sie beugen und brechen das einfallende Licht und erzeugen schillernde Farben wie zum Beispiel herrliches Blau.

Die Amsel

Der einst scheue Waldvogel lebt heute flächendeckend in fast jedem Garten und erfreut uns mit seinem schönen Gesang.

! TYPISCH: GELBER SCHNABEL, GELBER AUGENRING

MÄNNCHEN

STECKBRIEF

NAME: *Turdus merula* (Drosseln)

BEI UNS: ganzjährig

LÄNGE/GEWICHT: 24–29 cm/80–110 g

VORKOMMEN: Wälder, Feld- und Heckenlandschaften, Gärten, Friedhöfe, Parks, Grünanlagen, auch in den Innenstädten

NAHRUNG: Regenwürmer, Schnecken, Insekten, Beeren und Früchte

BRUT: 2–4-mal im Jahr, 3–5 Eier, 12–14 Tage, Nestlingsdauer 14 Tage

SCHWARZER ANZUG

Samtschwarzes Gefieder, gelber Schnabel und gelber Ring um das schwarze Auge – das ist das Männchen. Die Amsel ist nach dem Buchfink (siehe Seite 78) der häufigste Brutvogel bei uns. Während der Brutzeit von Februar bis Mitte Juli singen die Männchen ihr schönes Lied von erhöhten Stellen aus. Die warnenden „duck"- oder „djück"-Rufe vor anschleichenden Katzen sind das ganze Jahr über zu hören, ebenso schrilles „tix tix".

WEIBCHEN

BEIM FÜTTERN

HUNGRIGE JUNGVÖGEL
RUFEN IHRE ELTERN
MIT „TSCHIZICK".
BITTE NICHT STÖREN!

TARNKLEID

Einfarbig schokoladenbraun sind die Weibchen gefärbt. Auch sie profitieren von gemähten Rasenflächen, auf denen sie leicht ihre Lieblingsnahrung – Regenwürmer – beidbeinig hüpfend erbeuten können. Wenn die ersten Kirschen und andere Früchte reif werden, gehören sie zur Hauptnahrung der Amseln – dann ist ihr Kot oft von dunkelroter Farbe. Für das Nest wählt die Amsel am liebsten dichte Büsche oder Efeuranken, sie nimmt aber auch geschützte Balkonkästen, Balken oder sogar Regenrinnen zum Brüten an.

025 WIE PIEPT SIE DENN?

Der laute, flötende Gesang des Männchens mit zwitschernden Passagen gehört zu den schönsten unter den heimischen Vögeln. Während der Brutzeit ertönt er ziemlich verlässlich und bis zu 30 Minuten lang jeden Morgen etwa eine Stunde vor Sonnenaufgang, kürzer abends und nach Regenschauern.

GEFÄHRLICHE ZEITEN

Nach 14 Tagen verlassen die Küken das Nest. Nun können Sie einzelne junge, braun gefärbte Amseln entdecken, die noch drei Wochen lang von ihren Eltern versorgt werden. Um die Überlebenschancen der Jungvögel

zu steigern, sollten Sie Katzen in dieser Zeit unbedingt vom Freigang abhalten. Immer wieder tritt in einigen Gebieten das Usutu-Virus auf, an dem viele Amseln verenden – doch keine Sorge, innerhalb von ein paar Jahren erholt sich normalerweise wieder der Bestand.

Der Star

Anders als die Amsel hüpft der Star nicht über Rasenflächen, sondern er schreitet rastlos vorwärts – und das meist zu mehreren.

STARENSCHWARM

STECKBRIEF

NAME: *Sturnus vulgaris* (Stare)

BEI UNS: ganzjährig

LÄNGE/GEWICHT: 19–22 cm/75–90 g

VORKOMMEN: lockere Laubwälder, Parks, Friedhöfe, Gärten, Feldland-schaften, Obstgärten, Weinberge

NAHRUNG: Insekten und deren Larven, Beeren und andere Früchte

BRUT: 1–2-mal im Jahr, 4–6 Eier, 12–13 Tage, Nestlingsdauer 20 Tage

IN DER BRUTZEIT

Kaum ein kleiner Singvogel zeigt eine so unterschiedliche Gefiederfärbung wie der Star. Während der Brutzeit ist er metallisch schillernd schwarz gefärbt mit gelbem Schnabel. Im Vergleich zur Amsel (siehe Seite 50) ist der Star deutlich klei-ner und schmäler, taucht zu mehreren auf und nistet im Nistkasten. Rasenflächen

BEI GEFAHREN AM NISTPLATZ WARNT DER STAR MIT SCHNARRENDEM „STAARR".

PERLSTAR

AM STARENKASTEN

sucht er eilig schreitend nach Insekten ab, dabei stochert er immer wieder mit seinem Schnabel im Boden.

AUSSERHALB DER BRUTZEIT

Nach dem Gefiederwechsel (Mauser) im August zieren viele weiße Federspitzen sein schillernd schwarzes Gefieder, Perlstar wird er nun genannt. Zum Schutz vor Greifvögeln bilden junge und alte Stare ab etwa Juni größere Schwärme, die sogar Tausende Vögel umfassen können, und ziehen auf der Nahrungssuche weit umher. Beliebte Ziele sind Viehweiden mit reichlich Insekten, Weinberge und Obstgärten mit reifen Beeren und Wein-

reben am Haus. Stare besuchen auch gern Futterplätze mit Meisenknödeln. Dort picken sie am Boden Haferflocken, Nussstücke, Sämereien und Obst auf.

IM STARENKASTEN

Auch die einst so häufigen Stare werden weniger. Der Star steht auf der Rote Liste gefährdeter Arten: Hängen Sie hoch oben unterm Dachgiebel an der Hauswand oder an 4 m langen Stangen in Obstbäumen mehrere Starenkästen auf; sie sind etwas größer als Meisenkästen und haben ein 45 mm großes Flugloch mit Sitzstange. Sie brauchen diesen Kasten nicht jährlich zu reinigen, das macht der Star selbst.

026 WIE PIEPT ER DENN?

Der Star ist der perfekte Stimmenimitator: In seinen eh schon abwechslungsreichen Gesang aus Pfeif-, Schnalz- und Quietschtönen baut er bis zu 270 verschiedene Vogelstimmen ein, auch Froschgequake, Hundegebell, Rasenmäher, Handyklingeltöne, Trillerpfeife und sogar menschliche Laute. Zum Singen setzt sich der Star gern auf das Dach seines Nistkastens und schlägt dazu mit den Flügeln. Ältere Starenmännchen können auch zweistimmig singen – das klingt so, als ob zwei Vögel im Duett sängen.

Die Blaumeise

Die lebhafte blau-weiß-gelbe Blaumeise gehört zu den buntesten Vögeln, die Sie das ganze Jahr über rund ums Haus beobachten können.

BLAUKÄPPCHEN

NUR FÜR VOGELAUGEN SICHTBAR:
DIE BLAUE KOPFKAPPE
DES MÄNNCHENS
LEUCHTET INTENSIV
IN ULTRAVIOLETTTÖNEN.

STECKBRIEF

NAME: *Cyanistes caeruleus* (Meisen)

BEI UNS: ganzjährig

LÄNGE/GEWICHT: 11–12 cm/9–12 g

VORKOMMEN: gebüschreiche Wälder, Feldgehölze, Parks, Friedhöfe, Grünanlagen, Gärten

NAHRUNG: kleine Insekten und Larven, Spinnen, Fettfutter und Samen von Futterstellen

BRUT: 1-mal im Jahr, 6–17 Eier, 13–15 Tage, Nestlingsdauer 19–20 Tage

MÄNNCHEN UND WEIBCHEN

Beide Geschlechter der wenig scheuen Blaumeisen haben eine blaue Kappe auf dem Kopf, blaue Flügel und einen blauen Schwanz, der Bauch ist gelb und das weiße Gesicht ziert ein schmaler schwarzer Streifen übers Auge. Im Flug fallen der grüne Rücken und der weiße Streifen auf jedem Flügel auf. Die blasser gefärbten jungen Meisen können Sie ab Ende Mai / Anfang Juni beobachten, wenn sie bis zu drei Wochen lang von ihren Eltern im Geäst versorgt werden oder gemeinsam Futterstellen besuchen.

RECHTS: **KOHLMEISE**

KINDERSTUBE

FUTTERPLATZBESUCHER

Blaumeisen suchen akrobatisch in den äußersten Zweigspitzen nach Raupen, Läusen und anderen kleinen Insekten, dort kommen die größeren und schwereren Kohlmeisen (siehe Seite 56) nicht mehr hin. Zuweilen hängen sie auch kopfüber im dünnsten Geäst. Im Winter sammeln Blaumeisen Insekten in Schilfhalmen oder steigen auf Pflanzensamen um, auch Futterstellen liefern das ganze Jahr über wichtiges Fettfutter, z. B. in Form von Meisenknödeln. Anders als Tannenmeisen (siehe Seite 58) legen Blaumeisen keine Nahrungsvorräte an. Bei uns stehen sie auf Platz 7 der häufigsten Brutvogelarten.

WOHNEN IM FERTIGHAUS

Baumhöhlen sind der ursprüngliche Nistplatz der Blaumeisen, sie nehmen aber auch sehr gern Meisennistkästen mit kleinem Flugloch (Durchmesser 26–28 mm) an. Mit bis zu 17 winzigen Eiern im Gelege sind Blaumeisen die nachwuchsreichste heimische Vogelart, allerdings überleben meist nur ein oder zwei Küken das erste Lebensjahr.

027 WIE PIEPT SIE DENN?

Schon an den ersten sonnigen Wintertagen beginnen die Blaumeisen zu singen: Ihr hohes, helles Klingel-Lied, vorgetragen aus den äußersten Zweigen der Büsche und Bäume, klingt wie „zii zi ziiiiirr" mit einem schwirrenden Triller am Ende.

Die Kohlmeise

Diese größte und kräftigste heimische Meise ist sehr bekannt: Sie brütet regelmäßig rund ums Haus und besucht ohne Scheu jede Futterstelle.

STECKBRIEF

NAME: *Parus major* (Meisen)

BEI UNS: ganzjährig

LÄNGE/GEWICHT: 14–15 cm/16–21 g

VORKOMMEN: gebüschreiche Wälder, Feldgehölze, Parks, Friedhöfe, Grünanlagen, Gärten

NAHRUNG: kleine Insekten und deren Larven, Spinnen, auch Fettfutter und Samen von Futterstellen

BRUT: 1–2-mal im Jahr, 6–12 Eier, 13–14 Tage, Nestlingsdauer 18 Tage

MÄNNCHEN

BREITER ODER SCHMALER STREIFEN?

Schwarz-weißer Kopf, gelber Bauch, olivgrüner Rücken – daran erkennen Sie leicht die Kohlmeise. Bei dieser Meisenart können Sie die Geschlechter das ganze Jahr über voneinander unterscheiden: Der schwarze Längsstreifen auf dem Bauch ist beim Männchen sehr breit, beim Weibchen schmal. Jungvögel haben blassgelbe Bäuche und Wangen. Sie belegt Platz 3 unter den häufigsten Brutvögeln.

WIE PIEPT SIE DENN?

Schon kurz nach Weihnachten beginnen die Kohlmeisenmännchen an sonnigen Tagen zu singen. Mit ihrem lauten rhythmischen Gesang aus oft wiederholten „zi zi dä"-, „zi dää dät"-, „zi zu büit"-, „zii bä zii bä"- und „ti tü ti tü"-Strophen mit stetem Wechsel zwischen einem hohen und tiefen Ton besetzen sie schon die ersten Brutreviere für die kommende Brutzeit und locken Weibchen an.

AUFFLIEGEND

WEIBCHEN

RUFT BEI GEFAHR WARNEND „ZERR", „ZERRETETET" ODER „PINK".

GROSSE MEISE

Kohlmeisen teilen sich den Lebensraum mit Blaumeisen (siehe Seite 54), sie tauchen oft auch gemeinsam auf. Da sie schwerer sind, suchen Kohlmeisen mehr im inneren Geäst von Büschen und Bäumen sowie am Stamm und Boden nach Insektennahrung. In den Innenstädten ist die sehr anpassungsfähige Kohlmeise oft die häufigste Vogelart. Besonders einfach können Sie Kohlmeisen an Futterstellen beobachten, an denen Sie am besten das ganze Jahr über fett- und ölreiches Futter (Meisenknödel, Erdnussstücke, Sonnenblumenkerne) anbieten. Dort ist sie meist der häufigste Vogel. In bucheckerreichen Wintern bleiben Kohlmeisen oft fern von den Futterstellen, denn dann ernähren sie sich hauptsächlich von den fetthaltigen Bucheckern.

IM FLUG

Bei auffliegenden Kohlmeisen achten Sie auf die bläulich grauen Flügel und den bläulich grauen Schwanz, die weiße Binde auf jedem Flügel und die weißen Außenkanten am Schwanz. Kohlmeisen brüten ein- bis zweimal im Jahr in Baumhöhlen und Meisennistkästen (Flugloch 30–32 mm). Da die Küken auch mit kleinen Raupen, etwa denen des Frostspanners, gefüttert werden, sind Meisen bei Gärtnern beliebt.

57

Die Tannenmeise

Die kleinste heimische Meise erinnert ein wenig an eine sehr kleine, ausgeblichene Kohlmeise. Sie taucht vor allem im Herbst und Winter in Gärten auf.

MÄNNCHEN = WEIBCHEN

STECKBRIEF

NAME: *Peripatus ater* (Meisen)

BEI UNS: ganzjährig

LÄNGE/GEWICHT: 10–12 cm/8–10 g

VORKOMMEN: Nadel- und Mischwälder, Parks, Friedhöfe und Gärten mit älteren Nadelbäumen

NAHRUNG: kleine Insekten und deren Larven, Spinnen, im Winter Samen in Fichten- und Kiefernzapfen

BRUT: 1–2-mal im Jahr, 6–10 Eier, 14 Tage, Nestlingsdauer 16–23 Tage

KLEINES MEISLEIN

Bei der kleinen olivgrauen Tannenmeise fällt der recht große schwarze Kopf mit weißen Wangen und weißem Streifen im Nacken auf. Fliegend erkennt man leicht zwei weiße Streifen auf jedem Flügel. Während der Brutzeit von Spätwinter bis in den Sommer hinein hält sie sich am liebsten in kleineren bis größeren Fichtenbeständen auf. Dort liegt in Baumhöhlen und -spalten, manchmal auch in Erd- oder Gemäuerlöchern das verborgene Nest. Tannenmeisen nehmen auch Nistkästen (Flugloch-Durchmesser: 26–28 mm) an, brüten aber nur selten in Gärten.

IM WINTER KOMMEN AUCH TANNENMEISEN-GÄSTE AUS DEM NORDEN ZU UNS.

AM FUTTERTOPF

ZARTER SÄNGER

FUTTERSTELLENBESUCHERIN

Tannenmeisen halten sich meist in den Kronen der Nadelbäume auf. Dort suchen sie auf den Ästen und zwischen den Nadelblättern nach Läusen, Räupchen, Spinnen und anderem winzigen Getier. Im Winter klauben sie auch die feinen, nahrhaften Samen aus den Zapfen der Nadelbäume. Außerhalb der Brutzeit ziehen Tannenmeisen weit umher und kommen dann auch gern in waldnahe Gärten. Sie sind wenig scheu und lassen sich aus nächster Nähe beobachten, etwa wenn sie Futterstellen besuchen. Dabei tauchen sie immer wieder an Meisenknödeln, Futterspendern oder Futterhäusern mit Sonnenblumenkernen und Erdnussstücken auf, nehmen eine Portion in den Schnabel und fliegen davon, um das Futter an den Zweigenden dichter Nadelbaumäste als Vorrat zu verstecken – da lagern sie auch selbst gesammelte Nadelbaumsamen. Dort sucht kein Kleiber und keine Sumpfmeise nach Nahrung! Manchmal werden Tannenmeisen sogar so zutraulich und nehmen Futter aus der Hand.

029 WIE PIEPT SIE DENN?

Rund um Nadelbäume sind das ganze Jahr über die eintönig klingenden, rhythmischen Rufreihen „wize wize" der Tannenmeisen zu hören. Sie sind sehr fein und zart und erinnern ein wenig an die Rufe der winzigen Goldhähnchen (siehe Seite 32).

Die Schwanzmeise

Die zierlichen Schwanzmeisen gehören zu den kleinsten heimischen Vögeln – mit ihrem langen Schwanz sehen sie wie „Federbällchen am Stiel" aus.

MÄNNCHEN = WEIBCHEN

030 WIE PIEPT SIE DENN?

Mit schnurrenden „tschürrr"- und zarten „pt pt"-Rufen unterhalten sich die Schwanzmeisen unentwegt im Trupp.

STECKBRIEF

NAME: *Aegithalos caudatus* (Schwanzmeisen)

BEI UNS: ganzjährig

LÄNGE/GEWICHT: 13–15 cm/7–9 g

VORKOMMEN: eher feuchte Laub- und Mischwälder, Feldgehölz, gebüschreiche Parks, Friedhöfe und Gärten

NAHRUNG: kleine Insekten und deren Larven

BRUT: 1-mal im Jahr, 8–12 Eier, 14 Tage, Nestlingsdauer 15 Tage

PFANNENSTIELCHEN

Das Auffälligste an diesen Winzlingen ist der überlange schwarz-weiße Schwanz, der fast zwei Drittel der Körperlänge erreichen kann und an ein „Pfannenstielchen" erinnert, so ihr volkstümlicher Name. Der rundliche Körper inklusive Kopf ist oben schwarz-rosé-weiß gefärbt,

BELIEBT: MEISENKNÖDEL ODER FUTTERGLOCKEN IN BÜSCHEN UND BÄUMEN!

DIE „PFANNENSTIELCHEN"

WEICH NISTEN

die Unterseite hellbräunlich-rosé. Während der Brutzeit sind Schwanzmeisen meist als Paar unterwegs. Aus feinen Halmen, Moosen und Spinnweben bauen sie ein aufwändiges kugelförmiges Nest, das bestens mit bis zu 2000 Federn gepolstert und isoliert ist.

IMMER IM TRUPP
Schwanzmeisen sind das ganze Jahr über gesellig. Meist fallen sie zunächst durch ihre sehr hellen, zarten „srii"-Rufe auf, mit denen sie unentwegt Kontakt zueinander halten. Ihre Trupps bestehen meist aus sieben bis elf Tieren im äußersten Geäst eines Baums. Die federleichten Vögelchen klettern dort sehr geschickt umher, rastlos auf der Suche nach kleinen Räupchen und anderen Insekten, die sie mit ihrem Schnäbelchen abpicken. Beim Turnen setzen die Schwanzmeisen ihren langen Schwanz zum Balancieren ein.

AUF UND DAVON
Genießen Sie den Anblick der wenig scheuen Vögel, die nicht lange an einem Ort verweilen und rasch weiterfliegen, ein paar Bäume weiter. Unentwegt müssen sie Nahrung finden, um zu überleben – vor allem im Winter. Dann bleiben sie auch bei Nacht beisammen und drücken sich an einem geschützten Platz dicht aneinander. In kalten Winterperioden finden dennoch zahlreiche Schwanzmeisen den Tod.

Die Bachstelze

Trotz ihres Namens kommt die Bachstelze auch fern von Gewässern vor – sie hat viele Städte und Dörfer erobert.

MÄNNCHEN, ZUR BRUTZEIT

STECKBRIEF

NAME: *Motacilla alba* (Stelzen und Pieper)

BEI UNS: März bis November

LÄNGE/GEWICHT: 17–19 cm/19–27 g

VORKOMMEN: Gewässerufer, Felder, Parks, Gärten, Industrieanlagen, Almen

NAHRUNG: Fliegen, Mücken und andere fliegende Insekten

BRUT: 2–3-mal im Jahr, 5–6 Eier, 12–14 Tage, Nestlingsdauer 13–16 Tage

UNVERKENNBAR

Schon von Weitem kann man die Bachstelze erkennen: Sie trippelt geschäftig am Boden hin und her, legt einen kurzen Spurt ein, um ein Insekt zu schnappen und bleibt dann ruckartig auf der Stelle stehen, dabei wippt sie auffällig mit dem langen Schwanz. Das Männchen besitzt einen schwarz-weiß gemusterten Kopf, grauen Rücken und weißen Bauch, die Flügel sind schwarz gemustert; das Weibchen ist blasser mit weniger Schwarz am Kopf. Im flachen wellenförmigen Flug fallen der sehr lange Schwanz und die beiden weißen Streifen auf jedem Flügel auf.

AUF VIEHWEIDEN GIBT ES VIELE FLIEGEN FÜR BACHSTELZEN.

JUNGVOGEL

NISCHENBRÜTER

Bachstelzen brüten im Siedlungsbereich gern in Gebäudenischen, Mauerlücken und unter Brücken, sie nehmen auch Halbhöhlenkästen, angebracht an einem regengeschützten Platz, an, in denen sie ihr unordentliches Nest bauen. Dann vertreiben die Bachstelzen jeden Artgenossen aus dem Umkreis. Obwohl Bachstelzen sich vornehmlich von Insekten ernähren, besuchen sie gelegentlich auch Futterstellen. Dort nehmen sie gern Weich- und Fettfutter vom Boden auf.

WEHRHAFT

Beobachten Sie eine aufgeregt umherfliegende Bachstelze, hat sie vielleicht einen Turmfalken, Sperber oder Rabenkrähen entdeckt. Sie stellt diesen Feinden sogar in der Luft nach und vertreibt sie. Dazu hört man manchmal erregtes Zwitschern. Im Herbst ziehen die Bachstelzen nach Spanien oder Nordafrika, wo sie den Winter verbringen. Einzelne Vögel bleiben jedoch auch bei uns.

031 WIE PIEPT SIE DENN?

Bachstelzen hört man kaum. Ihr unauffälliger Gesang besteht aus verschiedenen Zwitscherlauten, manchmal hört man sie „ziwit" oder „zilipp" rufen.

STOLZIERT ÜBER DEN RASEN

Der Gartenrotschwanz

Ab April ist der Gartenrotschwanz mit dem roten Schwanz wieder da – er fühlt sich dort am wohlsten, wo ihn dichte Büsche und alte Bäumen schützen.

FRÜHER SÄNGER

STECKBRIEF

NAME: *Phoenicurus phoenicurus* (Schnäpper)

BEI UNS: April bis Oktober

LÄNGE/GEWICHT: 13–15 cm/12–20 g

VORKOMMEN: Wälder, Parks, Friedhöfe und Gärten mit alten höhlenreichen Bäumen

NAHRUNG: Käfer, Spinnen, im Herbst Beeren

BRUT: 1-mal im Jahr, 5–7 Eier, 12–14 Tage, Nestlingsdauer 13–17 Tage

MÄNNCHEN

Mit oranger Brust, rotorangem Schwanz, schwarzem Kopf, weißer Stirn und grauem Rücken sowie grauen Flügeln ist das Männchen vom Gartenrotschwanz herrlich anzusehen. Leider gibt es ihn in ganz Europa immer weniger. Er findet kaum mehr eine passende Unterkunft für seine Nachkommen vor, wenn er recht spät im

WARNT MIT
„FÜID TEK TEK"-RUFEN,
DABEI ZITTERT DER
SCHWANZ HEFTIG.

WEIBCHEN

MÄNNCHEN

032 WIE PIEPT ER DENN?

Das Männchen beginnt jedes Lied mit typischem hohem „di" und tieferem „dada" (klingt manchmal auch wie „üh trett trett"), dem zwitschernde und pfeifende Passagen folgen und das in einem „hüidd lüd lüd lüd" endet. Gartenrotschwänze sind Frühaufsteher – sie sind die ersten Sänger, die das Vogelkonzert schon lange vor der Morgendämmerung beginnen.

Frühjahr aus dem Winterquartier südlich der Sahara zurückkehrt. Dann sind meist alle Baumhöhlen und guten Nistplätze in Mauernischen, Holzstapeln u. Ä. schon längst besetzt. Hängen Sie daher nach Mitte April speziell für ihn noch einen Nistkasten mit ovalem Flugloch (48 mm hoch, 32 mm breit) auf. Der Gartenrotschwanz mag es nämlich nicht ganz so dunkel wie die Meisen.

KNICKSENDER JÄGER

Das Gefieder des Weibchens ist von einem warmen Braunton, Brust und Bauch haben einen Stich ins Orange, der Schwanz ist rotorange. Auch der Gartenrotschwanz lauert wie der Haus-rotschwanz (siehe Seite 66) von einer er-höhten Stelle (Torpfosten, Ast o. s. ä.) aus Insekten auf, die er in kurzen Jagdflügen erbeutet. Dabei knickst er gern und zittert mit dem roten Schwanz. In Perioden mit schlechtem Wetter besucht der Gartenrotschwanz auch Futterstellen – dort nimmt er in Fett getränkte Haferflocken, Rosinen und anderes Weichfutter an.

IM FLUG

Sehr markant ist dann der rotorange Schwanz, bei dem Sie bei genauem Hinsehen das dunkle Zentrum erkennen. Vom Hausrotschwanz unterscheidet sich der Gartenrotschwanz im Flug durch fehlende weiße Partien auf den Flügeln.

Der Hausrotschwanz

Der Hausrotschwanz hat sich in Städten breitgemacht – er findet in den nischenreichen Fassaden der Gebäude gute Brutplätze.

MÄNNCHEN

STECKBRIEF

NAME: *Phoenicurus ochruros* (Schnäpper)

BEI UNS: März bis Oktober

LÄNGE/GEWICHT: 13–15 cm/14–19 g

VORKOMMEN: sonnig-trockene Gebirge, Felslandschaften, Dörfer, Städte, Industriebrachen

NAHRUNG: Insekten, Spinnen, im Herbst Beeren und Früchte

BRUT: 2-mal im Jahr, 5–6 Eier, 13 Tage, Nestlingsdauer 16–17 Tage

BERGVOGEL

Außer dem rotorangen Schwanz ist das Männchen grau, Gesicht und Brust sind sogar schwarz. Am Flügel blitzt ein bisschen Weiß, vor allem im Flug. Ursprünglich war der Hausrotschwanz ein reiner Gebirgsvogel, der in Felsspalten brütet. In den letzten 200 Jahren hat er jedoch die

VIELE KEHREN FRÜH AUS DEM WINTERGEBIET ZURÜCK ODER ZIEHEN ERST GAR NICHT WEG.

WEIBCHEN

HUNGRIGER NACHWUCHS

Städte und Dörfer als Lebensraum angenommen. Da er weniger anspruchsvoll ist als der nah verwandte Gartenrotschwanz, zählt der Hausrotschwanz heutzutage zu den typischen Vögeln der Hausdächer.

BODENHÜPFER

Im Gegensatz zum Gartenrotschwanzweibchen ist das Gefieder des Hausrotschwanzweibchens eher graubraun gefärbt mit gräulicher Brust und orangem Schwanz. Zur Jagd auf Insekten brauchen Rotschwänze offene Flächen wie Rasen, Beete und Ähnliches, dort lauern sie ihrer Beute von einer erhöhten Stelle aus auf und schnappen sich diese in kurzem Flug. Auch am Boden hüpfend

erbeuten Hausrotschwänze Insekten und Spinnen, dieses Verhalten zeigen Gartenrotschwänze nicht. Typisch ist das häufige Zittern des Schwanzes, begleitet von knicksenden Beinbewegungen.

WOHNEN WIE IM FELS

Der Hausrotschwanz brütet stets in Nischen und Spalten an Gebäuden, die Felsspalten ähneln. Den robusten Vogel stören dabei nicht einmal Bauarbeiten in der Nähe. Als Halbhöhlenbrüter nimmt er auch Nistkästen an Fassaden an. Vor allem bei späten Wintereinbrüchen besuchen Hausrotschwänze die Futterstellen, an denen sie Fett- und Weichfutter fressen.

033 WIE PIEPT ER DENN?

Schon lange vor dem Sonnenaufgang singt das Hausrotschwanzmännchen vom Dachfirst aus seine kratzigen Strophen mit hell quietschenden und fauchenden Passagen: „hititi kchrchrchr". Wenn eine Katze auftaucht oder Gefahr droht, warnt der Hausrotschwanz mit „fid tek tek".

67

Das Rotkehlchen

Das Rotkehlchen ist der beliebteste Gartenvogel. Es hält sich meist am Boden auf, doch immer wieder lässt es sich auf einem Ast oder am Futterhaus blicken.

MÄNNCHEN = WEIBCHEN

STECKBRIEF

NAME: *Erithacus rubecula* (Schnäpper)

BEI UNS: ganzjährig

LÄNGE/GEWICHT: 12,5–14 cm/16–22 g

VORKOMMEN: Wälder, Feldgehölze, Parks, Grünanlagen, Friedhöfe, Gärten

NAHRUNG: Insekten, Würmer, Schnecken, im Herbst Beeren (Mehlbeere, Seidelbast, Liguster, Pfaffenhütchen), am Futterhaus Rosinen

BRUT: 2-mal im Jahr, 5–7 Eier, 13–14 Tage, Nestlingsdauer 13–15 Tage

KÄMPFER MIT KNOPFAUGEN

Wegen seiner großen Augen und der oftmals rundlichen Gestalt gilt das Rotkehlchen mit dem Orangerot von Brust, Kehle und Gesicht und mit dem feinen Insektenfresserschnabel als niedlich – dabei duldet es in seinem Revier kein anderes Rotkehlchen. Nur während der Brutzeit legen ein Männchen und ein Weibchen

034 WIE PIEPT ES DENN?

Rotkehlchen gehören zu den schönen Sängern unter den heimischen Singvögeln: Ihr lauter, klarer Gesang aus hohen und noch höheren Zwitschertönen klingt wunderschön, manche Menschen stimmt er ein wenig traurig. Taucht eine Katze auf, warnt das Rotkehlchen mit einer schnellen Folge „zick zickzick". Mit einem zarten „Zieh" warnt es vor Feinden aus der Luft.

ES LIEBT BROMBEERGESTRÜPP, HOLZSTAPEL UND REISIGHAUFEN.

SINGT VIEL

WURM ERWISCHT!

ihr Revier zusammen. Kämpferisch wird jeder Artgenosse vertrieben, das ganze Jahr über. Am Boden baut dieser kleine Singvogel versteckt zwischen Pflanzen das napfförmige Nest – daher fördern Sie seine Anwesenheit durch dichte Wildsträucher, darunter auch ein Pfaffenhütchen, dessen Früchte er liebt. Bei Gartenarbeiten kann das Rotkehlchen sogar richtig zutraulich werden, dann pickt es rasch die aus dem bearbeiteten Boden freigelegten Würmer und Larven auf.

MELANCHOLISCHER SÄNGER

Rotkehlchen singen jahrein, jahraus, auch im Winter und auch die Weibchen, am meisten und intensivsten aber während der Brutzeit von März bis Juli. Biologen haben herausgefunden, dass Rotkehlchen in den Innenstädten dann singen, wenn der Verkehrslärm nachlässt – darum müssen Sie sich nicht wundern, wenn ein Rotkehlchen nachts singt und dann fälschlicherweise für eine Nachtigall (siehe Seite 28) gehalten wird.

EINZELGAST AM FUTTERHAUS

Rotkehlchen besuchen auch gern Futterstellen, an denen sie stets einzeln erscheinen. Weich- und Fettfutter ist dort ihre Leibspeise, doch sie bedienen sich auch an Nussstückchen. Dort, wo ganzjährig gefüttert wird, bleiben Rotkehlchen über den Winter hier oder kehren früher aus dem Mittelmeerraum zurück. Gleichzeitig verbringen auch Rotkehlchen aus Skandinavien den Winter bei uns.

Der Trauerschnäpper

Wie alle Schnäpper schnappt auch der kleine schwarz-weiße Trauerschnäpper im kurzen Jagdflug nach allerlei Insekten.

MÄNNCHEN

STECKBRIEF

NAME: *Ficedula hypoleuca* (Schnäpper)

BEI UNS: April bis September

LÄNGE/GEWICHT: 12–13 cm/9–15 g

VORKOMMEN: Wälder, Parks, Friedhöfe, Obstgärten, Gärten

NAHRUNG: vor allem fliegende Insekten, Spinnen

BRUT: 1-mal im Jahr, 5–8 Eier, 13 Tage, Nestlingsdauer 14–18 Tage

LANGSTRECKENZIEHER

Schwarz-weiß bis braunschwarz-weißlich zeigt sich das Männchen, das kleiner als ein Spatz ist. Die Weibchen sind blasser. Seit in Wäldern, Parks und Gärten Nistkästen aufgehängt werden, hat der Trauerschnäpper sein Brutgebiet in Richtung Süddeutschland und westwärts vergrößert. Dadurch ist dieser Langstreckenzieher, der den Winter südlich

WEIBCHEN

ZIEMLICH FRECH!

DER TRAUERSCHNÄPPER ZIEHT AUCH IN BESETZTE NISTKÄSTEN EIN UND ÜBERBAUT EINFACH DAS FREMDE NEST INKLUSIVE EIERN.

der Sahara verbringt, nicht mehr nur auf natürliche Baumhöhlen angewiesen. Hängen Sie ruhig alle 10 m einen Nistkasten in Ihrem Garten auf, von dem Überangebot profitieren Spätrückkehrer wie der Trauerschnäpper.

AUF DER LAUER

Von einer erhöhten Warte aus lauert der Trauerschnäpper auf Insekten, die er nach einem kurzen Flug erbeutet. Meist kehrt er dann aber nicht zum selben Sitzplatz zurück – so wie es der verwandte Grauschnäpper (siehe Seite 26) tut –, sondern wählt einen anderen oder dem Boden näheren Platz für die nächste Jagdsequenz.

Trauerschnäpper können auch in der Luft mit schnellen Flügelschlägen stehen bleiben und dabei Insekten von Zweigen, Blättern und Blüten ablesen.

SCHLECHTE ZEITEN?

Heutzutage ist der Bestand der Trauerschnäpper wieder stark rückläufig. Gründe dafür liegen am Klimawandel und der veränderten Landwirtschaft – in den Überwinterungsgebieten werden viele Landstriche trockener und damit insektenärmer, bei uns nimmt die Menge der Raupen als wichtige Kükennahrung rapide ab. Von diesen Änderungen sind allerdings auch viele andere Vögel betroffen.

035 WIE PIEPT ER DENN?

Gleich nach der Rückkehr aus dem Wintergebiet Mitte April besetzen die Trauerschnäppermännchen einen Nistkasten, dessen Umgebung sie singend verteidigen: Dabei ertönt das rhythmische Lied, in dem sich stets hohe und tiefe Silben abwechseln, viele Tausend Mal am Tag. Sobald das Weibchen brütet, hört im Mai der Gesang auf.

Der Kleiber

Kein anderer Vogel kann so wie der Kleiber am Baumstamm hinauf- und kopfüber auch wieder hinunterlaufen.

KOPFÜBER NACH UNTEN

036 WIE PIEPT ER DENN?

Der Kleiber singt laut und in einer hellen Tonlage verschiedene flötende und trillernde Strophen, markant ist sein „wi wi wi wi" in schneller Folge und sein scharfes „piü piü".

STECKBRIEF

NAME: *Sitta europaea* (Kleiber)

BEI UNS: ganzjährig

LÄNGE/GEWICHT: 13–15 cm/19–24 g

VORKOMMEN: Wälder, Parks, Friedhöfe, Gärten mit alten Bäumen

NAHRUNG: Insekten und deren Larven, Spinnen, ab Spätsommer auch Bucheckern und Nüsse, an Futterstellen Sonnenblumenkerne

BRUT: 1-mal im Jahr, 5–8 Eier, 15–18 Tage, Nestlingsdauer 24 Tage

MÄNNCHEN UND WEIBCHEN

Der Kleiber ist ganz leicht zu erkennen: Kein anderer kleiner Vogel mit bläulich grauem Rücken, gelborangem Bauch, weißem Gesicht und breiten schwarzen Augenstreifen von der Größe eines Spatzes klettert sonst so behände an Stamm

HÖREN SIE EIN
KLOPFEN AM STAMM,
SO KÖNNTE DAS AUCH
DER KLEIBER SEIN.
TROMMELN TUT ER
ABER NICHT.

PINZETTENGRIFF

„ZUGEKLEIBERT"

VORRATSHALTUNG

Im Herbst und Winter ernährt sich der Kleiber auch von Baumsamen, die er mit seinem Schnabel öffnen kann. Er besucht auch häufig Futterstellen – dort nimmt er einen Sonnenblumenkern oder eine Nuss mit dem Schnabel auf, fliegt davon, um das Futter in einer Rindenritze als Vorrat zu verstecken, und kehrt sofort zurück für die nächste Besorgung.

DER SPACHTLER

Zum Brüten besetzen Kleiber verlassene Specht- und Baumhöhlen, sie nehmen auch gewöhnliche Meisennistkästen an. Eingang und Höhle bearbeiten sie nach eigenem Belieben – zu kleine werden mit Schnabelschlägen vergrößert, zu große wie etwa die der Nistkästen mit feuchtem Lehm zugekleistert. So hält er größere Konkurrenten wie den Star vom Brutplatz fern. Diesem Verhalten verdankt der Kleiber auch seinen Namen.

und Ästen hinauf und hinunter. Dabei klopfen die halslosen, kurzschwänzigen Kleiber das ganze Jahr über den Stamm mit dem kräftigen Schnabel ab wie ein Specht, um Insekten und Spinnen in den Ritzen und unter loser Rinde zu finden.

Kleiber bleiben stets in der Nähe der Bäume, am liebsten alter Eichen. Beim Klettern verlassen sich die Kleiber nur auf die kräftigen Zehen, ihren Schwanz verwenden sie nicht, auch nicht als Stütze beim Klopfen.

Der Bergfink

Der Bergfink brütet im hohen Norden. Nur im Winter kommt er zu uns, in manchen Jahren nur vereinzelt, in anderen Jahren in riesigen Scharen.

SEHR GESELLIG

IN DEN KRONEN VON DICHTEN BAUMBESTÄNDEN KÖNNEN MILLIONEN VÖGEL EINE RIESIGE SCHLAFGESELLSCHAFT BILDEN.

STECKBRIEF

NAME: *Fringilla montifringilla* (Finken)

BEI UNS: Oktober bis April

LÄNGE/GEWICHT: 14–16 cm/23–29 g

VORKOMMEN: Buchenwälder, Parks, Gärten

NAHRUNG: im Winter Bucheckern und andere Baumfrüchte, Getreide, an Futterstellen Sonnenblumenkerne

BRUT: brütet nicht bei uns, nur im hohen Norden

NUR IM WINTER DA!
HIER: **MÄNNCHEN**

WEIBCHEN

037 WIE PIEPT ER DENN?

Beim Fliegen rufen Bergfinken häufig ein nasales „quäk". Wenn so ein riesiger Schwarm Bergfinken umherzieht, hören Sie deutlich ein Rauschen – und manchmal dauert es Minuten, bis der ganze Schwarm am Himmel vorbeigezogen ist.

WINTERGAST

Der Bergfink sieht wie ein etwas anders gefärbter Buchfink aus – im winterlichen Schlichtkleid fällt das zartorange-schwarz-hell gemusterte Gefieder auf. Besonders markant ist der schwarze Streifen auf orangem Grund am Flügelansatz. Das Weibchen ist blasser. Bergfinken kommen vor allem wegen der Bucheckern zu uns, ihrer Lieblingsnahrung im Winter. In Jahren, in denen die Buchen viele Früchte tragen („Mastjahre"), finden sich Hunderttausende oder gar Millionen Bergfinken in großen Schwärmen ein.

FLUGBILD

Am fliegenden Bergfink fallen besonders zwei markante Stellen auf, die immer wieder im Takt der Flügelschläge aufblitzen: die beiden weißen schmalen Streifen auf jedem Flügel und der große weiße Fleck am Hinterrücken vor dem Schwanzansatz (Bürzel). Da Bergfinken im Vergleich zu den Buchfinken etwas längere Flügel besitzen, können sie etwas schneller fliegen. Wenn ein gemischter Trupp aus Berg- und Buchfinken unterwegs ist, fliegen die Bergfinken an der Spitze, die Buchfinken hinterher.

FUTTERSTELLENBESUCHER

Anders als die scheuen Buchfinken besuchen Bergfinken auch gern Futterstellen, an denen sie Sonnenblumenkerne, Erdnussstücke und Nüsse verzehren. Sie hängen sich sogar an Meisenknödel. Die meisten Besucher stellen sich dort im März ein, wenn die Bucheckern zur Neige gehen. Spätestens im April brechen die Vögel zum Rückflug in die nordischen Nadel- und Birkenwälder auf, in denen sie brüten.

Der Bluthänfling

Dieser lebhafte Finkenvogel mit kräftigem Schnabel und blutroter Brust brütet auch in Ziersträuchern in Parks und Gärten.

MÄNNCHEN

038 WIE PIEPT ER DENN?

Der Bluthänfling singt während der Brutzeit von einer erhöhten Stelle aus ein flottes Lied aus trillernden, klingenden, auch zwitschernden, geckernden, pfeifenden und schwätzenden Passagen im munteren Auf und Ab von Tönen.

STECKBRIEF

NAME: *Carduelis cannabina* (Finken)

BEI UNS: ganzjährig

LÄNGE/GEWICHT: 13–14 cm/15–20 g

VORKOMMEN: offene Hecken-, Heiden- und Hochmoorlandschaften mit Wacholder, gebüschreiche Siedlungen und Industrieanlagen

NAHRUNG: vor allem kleine Samen von Wildkräutern und Blumen, auch feine Baumsamen

BRUT: 2-mal im Jahr, 4–6 Eier, 12–13 Tage, Nestlingsdauer 12–14 Tage

BLUTROTE BRUST

Zur Brutzeit zeigt sich das Hänflingsmännchen oft auf der Spitze eines Busches. Meist liegt in der Nähe das Nest, das das Männchen durch Präsenz und seinen Gesang verteidigt. Der Bluthänfling ist eher ein schmaler Finkenvogel mit bräunlichen und gräulichen Gefiederpartien. Beim Männchen fallen die blutrote

WICHTIGE, FEINE SAMENNAHRUNG: LASSEN SIE WILDKRÄUTER ÜBER DEN WINTER STEHEN!

WEIBCHEN

IM TRUPP UNTERWEGS

Brust und Stirn auf, die im Herbst und Winter eher braunrot gefärbt sind.

WEIBCHEN
Dem Hänflingsweibchen fehlen die roten Partien an Brust und Stirn, der Rücken weist feine braune Streifen auf. Bluthänflinge bauen ihr Nest im niedrigen Gebüsch von Wacholder, Weißdorn oder Brombeeren, im Siedlungsbereich auch in anderen dornigen, stacheligen oder immergrünen Sträuchern. Nach der

Brutzeit streifen sie in kleinen Trupps auf der Suche nach Nahrung weit umher, im Winter können sie auch größere Schwärme bilden, in denen sie besser vor Feinden geschützt sind.

LIEBT WILDKRÄUTERSAMEN
Ihre Nahrung finden die Bluthänflinge auf offenen Flächen in Bodennähe – dort pflücken sie die feinen Samen von Löwenzahn, Sternmiere, Sauerampfer und anderen Wildkräutern oder lesen

die herabgefallenen Samen von Erlen, Birken und Pappeln auf. Auch an Futterstellen nehmen Bluthänflinge feine herabgefallene Sämereien am Boden auf. Wie so viele andere Vögel ist auch der Bluthänfling bei uns selten geworden. Er leidet unter Nahrungsmangel, denn feine Unkrautsamen sind aufgrund häufigen Mähens rar geworden. Helfen Sie ihm, indem sie Wildkräuter in Ihrem Garten dulden und zur Samenreife kommen lassen.

Der Buchfink

Weil sich der Buchfink meist in Baumkronen versteckt, fällt er viel weniger auf. Dabei ist er der häufigste Brutvogel bei uns.

MÄNNCHEN

STECKBRIEF

NAME: *Fringilla coelebs* (Finken)

BEI UNS: ganzjährig

LÄNGE/GEWICHT: 14–16 cm/19–24 g

VORKOMMEN: Wälder, Parks, Gärten, Grünanlagen, Friedhöfe

NAHRUNG: Samen, Getreide, Früchte, im Sommer viele Insekten und Spinnen

BRUT: 1–2-mal im Jahr, 4–5 Eier, 12–13 Tage, Nestlingsdauer 12–15 Tage

BUNTE MÄNNCHEN

Überall, wo ein paar Laubbäume stehen, lebt der recht scheue Buchfink – in Wäldern trifft man ihn aber wesentlich häufiger an als in den Siedlungen. Das Männchen ist ziemlich bunt: Kappe und Nacken blaugrau, Gesicht und Brust bräunlich rosa, der Rücken bräunlich und hinten olivgrün, die Flügel blau-grün-schwarz-weiß gemustert. Im Flug fallen

BUCHFINKEN LIEBEN BUCHECKERN, IHRE WINTERNAHRUNG.

WEIBCHEN

RASCH IN DEN BAUM FLIEGEN!

039 WIE PIEPT ER DENN?

Markanter Finkenschlag: Jede Strophe besteht aus zwei bis vier Elementen und endet in einem typischen Schnörkel, der wie „Würzgebier" klingt. Junge Männchen müssen den Gesang erst lernen – dadurch unterscheiden sich regional die Gesänge wie menschliche Dialekte. Bei Gefahr ruft er laut „pink", erscheint ein Sperber hoch und gedehnt „siih" und beim Wegfliegen weich „djüb".

die beiden weißen Streifen auf jedem Flügel und die weißen Schwanzkanten auf. Zur Brutzeit verteidigt das Männchen sein Territorium ums Nest mit unentwegtem Gesang, dazu setzt es sich auf einen etwas exponierteren Ast in der Baumkrone und reckt seine rosa Brust in die Höhe.

DAS GLEICHE IN BRAUN
Das Weibchen trägt dasselbe Muster wie das Männchen, allerdings fehlen ihm die Farben – statt blaugrau, rosé oder olivgrün ist sein Gefieder in Brauntönen gefärbt. Buchfinken suchen sowohl in den Baum- und Buschkronen nach Nahrung als auch am Boden, wo sie durch ihr ruckartiges Trippeln auffallen. Bei der

geringsten Störung fliegen sie auf und verschwinden im Geäst. Nach der Brutzeit bilden Buchfinken gemischte Trupps, die ebenso scheu sind wie einzelne Vögel. Buchfinken brauchen viele Jahre, bis sie zum ersten Mal eine Futterstelle besuchen – dann picken sie Sämereien und Haferflocken vom Boden auf.

NEST
Buchfinken bauen ihr dickwandiges, napfförmiges Nest nicht so versteckt wie die meisten anderen Finken, sondern wählen dafür häufig eine Astgabel in der Krone eines Baums. Im Winter ziehen viele Weibchen und Jungvögel südwärts, während die nun blasser gefärbten Männchen dableiben.

Der Erlenzeisig

Vor allem im Winter fällt einer unserer kleinsten Finkenvögel auf, wenn er in großen zwitschernden Schwärmen hoch oben in Erlen und Birken turnt.

MÄNNCHEN

040 WIE PIEPT ER DENN?

Unermüdlich schwätzen die Vögel eines Schwarms wild durcheinander in höchsten Tönen und bilden einen Klangteppich in den winterlich kahlen Baumkronen.

STECKBRIEF

NAME: *Carduelis spinus* (Finken)

BEI UNS: ganzjährig

LÄNGE/GEWICHT: 11–12 cm/10–14 g

VORKOMMEN: lichte Nadelwälder, Parks, Friedhöfe, größere Gärten mit altem Fichtenbestand

NAHRUNG: Samen, im Sommer auch Insekten, im Winter vor allem Erlen- und Birkensamen

BRUT: 2-mal im Jahr, 3–5 Eier, 13 Tage, Nestlingsdauer 15 Tage

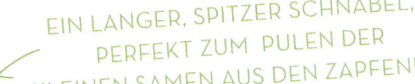

EIN LANGER, SPITZER SCHNABEL, PERFEKT ZUM PULEN DER KLEINEN SAMEN AUS DEN ZAPFEN!

WEIBCHEN

AM FUTTERNAPF

VERBORGEN

Während der Brutzeit von etwa März bis Juli sieht man den Erlenzeisig kaum. Dann zieht er sich in jene lichten Fichtenwälder zurück, in denen es reichlich mit Samen gefüllte Zapfen gibt. In den Kronen der Nadelbäume, vor allem in Fichten, baut das Weibchen sein kleines, kompaktes Napfnest. Das leuchtend gelbgrüne Männchen mit schwarzem Kinn und Scheitel zeigt an den Flügeln ein markantes gelb-schwarzes Streifenmuster, der Bauch ist recht hell.

DICHTE SCHWÄRME

Wie bei vielen Singvögeln ist das Weibchen blasser gefärbt als das Männchen. Die Oberseite ist grünlich grau gefärbt, die weiße Unterseite ist dunkel gestrichelt, am Kopf ohne Schwarz. Im Flug fallen ein breiter gelber Streifen auf jedem Flügel und der gegabelte Schwanz auf, außerdem bilden fliegende Erlenzeisige einen auffallend dichten Flugschwarm, in dem die einzelnen Vögel – wohl zum Schutz vor Luftfeinden – dicht an dicht fliegen.

VAGABUNDEN

Sobald die Brutzeit vorbei ist, bilden die Erlenzeisige große Trupps, denen sich ab Herbst noch die Erlenzeisige aus dem hohen Norden anschließen. Dann ziehen diese Zeisige unstet quer durchs Land und tauchen überall auf, wo es in Erlen, Birken und Fichten reichlich feine Samen zu fressen gibt. Am Futterplatz turnen Erlenzeisige gern an Meisenknödeln und Fettfutterglocken, picken aber auch feine Sämereien am Boden auf.

Der Gimpel

Der rundliche Gimpel ist eine imposante Erscheinung, wenn er mal im Garten – meist paarweise – auftaucht.

MÄNNCHEN

STECKBRIEF

NAME: *Pyrrhula pyrrhula* (Finken)

BEI UNS: ganzjährig

LÄNGE/GEWICHT: 14–16 cm/21–27 g

VORKOMMEN: gebüschreiche Wälder, Parks, Friedhöfe, Gärten, Feldgehölz

NAHRUNG: Knospen, Kätzchen, Samen von Bäumen, Wildkräutern und Blumen

BRUT: 2-mal im Jahr, 4–6 Eier, 13–14 Tage, Nestlingsdauer 16–18 Tage

DOMPFAFF

Meist sieht man den ziemlich „dicken" Gimpel zu zweit: Das Männchen mit der kräftig rosaroten Unterseite trägt eine schwarze Kopfkappe und grau-schwarz-weiße Flügel – das genauso gezeichnete Weibchen unterscheidet sich nur durch die bräunlich rosa Unterseite und bräunlichen Rücken. Beide haben kurze, dicke

WEIBCHEN

KÖRNERLIEBHABER

SCHNEEBALL – GIMPEL LIEBEN DIE SAMEN IN DEN FRÜCHTEN!

schwarze Schnäbel. Das rote Gewand und die schwarze Kappe erinnerte die Menschen früher an einen Domherren, daher der Zweitname Dompfaff.

LEBENSLANG TREU

Möglicherweise bleibt ein Gimpelpaar das ganze, über acht Jahre dauernde Leben lang zusammen – ungewöhnlich bei kleinen Singvögeln. Mit kleinen Futtergeschenken, die das Männchen aus seinem Kropf hervorwürgt, bindet es das Weibchen an sich. Zum Brüten wählt das Paar einen dichten Nadelbaum, z. B. eine Hecke aus Lebensbaum, in dem es zunächst eine kleine Plattform aus Halmen in die Äste baut und auf dieser das Nest errichtet.

STARKER SCHNABEL

Gimpel ernähren sich von verschiedensten Pflanzenteilen – dabei nehmen sie das, was es gerade gibt: im Frühjahr Knospen und Kätzchenblüten, im Sommer und Herbst die Samen verschiedener Beeren und Früchte, im Winter auch Samen von Birken und anderen Bäumen. Der kurze Schnabel ist bei derlei Ernten ein gutes Werkzeug zum Abzwicken, Schälen, Knacken und Entfernen von Fruchtfleisch. Auch am Futterhaus tauchen Gimpel hin und wieder auf – bieten Sie ihnen verschiedene Sämereien an.

041 WIE PIEPT ER DENN?

In vielerlei Hinsicht ist der Gimpel ein ungewöhnlicher Singvogel: In der Brutzeit besetzt er kein Revier – folglich muss er es auch nicht durch Singen verteidigen. Daher hört man seinen leisen plaudernden Gesang mit kurzen Pfiffen und zarten Trillern nur selten. Mit einem sanften „djü" locken sich die Partner gegenseitig.

Der Girlitz

Der Girlitz ist der kleinste unter den heimischen Finkenvögeln. Der gelbe Vogel fühlt sich in den Siedlungen recht wohl und fällt durch seinen Gesang auf.

042 **WIE PIEPT ER DENN?**

Um einen in höchsten Tönen zwitschernden Girlitz zu entdecken, müssen Sie weit nach oben schauen. Sein hoher, quietschender Gesang in einer Tonhöhe klingt ein bisschen wie klirrendes Glas, man kann auch seinen Namen „gir i litt" oder „tirrirrlit" hören.

MÄNNCHEN

AUCH BEIM FLIEGEN SINGT ER SEINE HEKTISCHEN STROPHEN.

STECKBRIEF

NAME: *Serinus serinus* (Finken)

BEI UNS: März bis Oktober

LÄNGE/GEWICHT: 11–12 cm/11–15 g

VORKOMMEN: abwechslungsreiche Feld- und Wiesenlandschaften mit Gebüschen, Parks, Obstgärten, Gärten, Friedhöfe, Industriebrachen

NAHRUNG: kleine Samen von Wildkräutern, auch Insekten

BRUT: 2-mal im Jahr, 3–5 Eier, 13 Tage, Nestlingsdauer 14 Tage

WEIBCHEN

MAG UNKRÄUTER

„SPITZENSÄNGER"

Leuchtend gelb mit grauen bis dunklen Streifen, dazu ein sehr kurzer, dicker Schnabel und ein kurzer Schwanz – so sieht das Männchen aus. Es erreicht noch nicht einmal die Größe einer Blaumeise. Im flatternden Flug, der an den einer Fledermaus erinnert, fällt der grünlich gelbe Hinterrücken (Bürzel) auf, außerdem ein bisschen Gelb am grauen Schwanz. In der Brutzeit sucht der Girlitz zum Singen herausragende Stellen auf, das kann eine Baumspitze oder Antenne sein. Das Weibchen ist blasser gefärbt als das Männchen.

NICHTS GEHT OHNE UNKRÄUTER

Ursprünglich kam der Girlitz nur am Mittelmeer vor, doch in den letzten 200 Jahren ist er nordwärts gewandert. In den Dörfern und gartenreichen Siedlungen hat er alles gefunden, was er zum Leben braucht: Bäume und Sträucher zum Brüten, Wildkrautbestände als Nahrungslieferant und Dachfirste zum Singen. Heute ist sein Bestand wieder rückläufig, denn mit dem Rückgang der „Unkräuter" geht ihm das Essen aus. Richten Sie für ihn und die anderen Feine-Samen-Fresser wie etwa den Stieglitz (siehe Seite 88) eine wilde Ecke mit Unkräutern ein; der Girlitz steht besonders auf die beschirmten Samen von Gänsefuß und anderen Korbblütlern, aber auch auf Hirtentäschel.

KANARIENVOGELFUTTER

Der wärmeliebende Girlitz wählt für sein sorgfältig gebautes Nest gern dichte Nadelbäume aus, auch die Küken werden vegetarisch ernährt – sie bekommen einen im Kropf vorverdauten Brei aus Korbblütlersamen. An Ganzjahresfutterstellen können Sie ihm Kanarienvogelfutter und ähnlich kleinste Sämereien anbieten.

Der Grünfink

Die anpassungsfähigen Grünfinken kommen fast überall vor, wo es Sträucher oder mindestens einzelne Bäume gibt.

MÄNNCHEN

043 WIE PIEPT ER DENN?

Der etwas abgehackt klingende Gesang der Grünfinkenmännchen mit trillernden, klingelnden und zwitschernden Passagen erinnert an den eines Kanarienvogels. Er ertönt von hohen Stellen aus oder sogar beim Fliegen (Singflug). Gut zu hören sind auch die Rufe der bettelnden Jungvögel „gib gib gib" ab Mai sowie das typische Grünfink-„dschrüüju".

STECKBRIEF

NAME: *Carduelis chloris* (Finken)

BEI UNS: ganzjährig

LÄNGE/GEWICHT: 14–16 cm/25–34 g

VORKOMMEN: Waldränder, Feldgehölze, Parks, Gärten, Innenstädte

NAHRUNG: Samen, Knospen, Stängel, Blätter, Beeren und Früchte, auch Insekten, Sonnenblumenkerne, Erdnussstücke

BRUT: 2-mal im Jahr, 4–6 Eier, 12–15 Tage, Nestlingsdauer 13–16 Tage

ALLES GRÜN

Dort, wo Menschen leben, findet der matt bis leuchtend gelblich grüne Grünfink, auch Grünling genannt, mit dem kräftigen, kegelförmigen graurosa Schnabel ideale Lebensbedingungen vor – Büsche, Bäume oder Kletterpflanzen an Gebäudewänden als Brutplatz und zum Verstecken sowie reichlich Pflanzenkost zum Verspeisen. Männchen und Weibchen besitzen grau-grün-dunkel gemusterte Flügel mit markant gelbem Feld, das im Flug besonders deutlich sichtbar wird. Das Weibchen ist etwas blasser gefärbt und wirkt mehr grünlich grau.

FRÜHE BRÜTER

Lange bevor die Bäume Blätter tragen, beginnt bei den Grünfinken die Brutzeit. Schon im Winter haben sich Paare gebildet, ab Februar werden gute Nistplätze in immergrünen Büschen (z. B. Lebensbaum) gesucht. Dann ertönt auch der Gesang der Männchen von erhöhten Stellen aus. Die Küken werden zunächst mit Blattläusen, bald aber schon mit im Kropf aufgeweichten Samen gefüttert. An vielen Futterstellen ist der Grünfink der häufigste Besucher: Er pickt Fettfutter an Meisenknödel und verzehrt alle Sämereien, die angeboten werden. Beobachten Sie, wie geschickt er die Schalen der Sonnenblumenkerne mit dem kräftigen Schnabel und der Zunge entfernt.

WILDROSEN SIND WICHTIG: GRÜNFINKEN STEHEN AUF REIFE HAGEBUTTEN!

WEIBCHEN

MANCHMAL STREITLUSTIG!

IM FLUG

Achten Sie auf viel Gelb beim fliegenden Grünfink: Flügelfeld, Hinterrücken (Bürzel) und Flecken an den Schwanzseiten. Nach der Brutzeit bilden die Grünfinken größere Trupps, die bei der Nahrungssuche auch gern gemeinsam mit anderen Finken, Spatzen und Goldammern abgeerntete Felder und brachliegende Flächen besuchen.

Der Stieglitz

Der Stieglitz fällt trotz des bunten Gefieders kaum auf, wenn er in kleinen lebhaften Trupps eilig Samen von verblühten Stauden pflückt.

MÄNNCHEN = WEIBCHEN

STECKBRIEF

NAME: *Carduelis carduelis* (Finken)

BEI UNS: ganzjährig

LÄNGE/GEWICHT: 12–13 cm/12–18 g

VORKOMMEN: Felder und Wiesen mit hohen alten Bäumen, Obstgärten, Parks, Gärten, Friedhöfe

NAHRUNG: kleine Samen, vor allem von Disteln, Löwenzahn und anderen Korbblütlern, im Winter auch von Erlen, an der Futterstelle kleine Sämereien

BRUT: 2-mal im Jahr, 4–6 Eier, 12–14 Tage, Nestlingsdauer 12–15 Tage

CLOWNKOPF

Mit dem roten Gesicht am schwarz-weißen Kopf mit dem hellen, langen, spitzen Schnabel, den gelb-schwarz-weißen Flügeln und hellbraunem Bauch und Rücken ist der Stieglitz unverkennbar. Beim Fliegen (siehe Foto) tritt der gelbe

FLUGVERSUCHE

GANZ SCHÖN STACHELIG!

SEINE VORLIEBE FÜR DISTELN FÜHRTE ZUM ZWEITNAMEN DISTELFINK.

044 WIE PIEPT ER DENN?

Seinen deutschen Namen bekam der Stieglitz wegen seiner Rufe, die wie „sti ge litt" oder „ti glitt" klingen. Während der Brutzeit singen die Männchen in den Baumkronen, ihr Lied ähnelt dem geschwätzigen Gesang der Erlenzeisige (siehe Seite 80) – immer wieder bauen sie aber ihren Namen „sti ge litt" ein.

breite Streifen auf jedem Flügel noch deutlicher zutage sowie der weiße Hinterrücken (Bürzel). Männchen und Weibchen sind gleich gefärbt.

IMMER IM TRUPP
Auch während der Brutzeit bleiben die bunten Finkenvögel im Trupp beisammen. Sogar ihre kleinen Nester bauen sie dicht benachbart in die Krone hoher Bäume oder Büsche. Nach der Brutzeit fliegen die Stieglitze „sti ge litt" rufend unruhig von Fruchtstand zu Fruchtstand und ziehen im Trupp weit über brachliegende Flächen mit verblühten Disteln, Karden, Kletten, Greiskraut und anderen Wildkräutern. Um die feinen Samen mit dem spitzen Pinzettenschnäbelchen aus

den Fruchthüllen herauszupulen, turnen die leichten Vögelchen geschickt auf den Stängeln herum. Leider gibt es bei uns immer weniger solcher Flächen mit heimischen Wildkräutern. Daher gehört auch der Stieglitz zu den rückläufigen Vogelarten. Lassen Sie unbedingt im Garten reichlich Wildkräuter gedeihen, zur Samenreife kommen und bis Februar/ März stehen.

JUNGE UND ALTE
Im Sommer mischen sich auch junge Stieglitze unter den Trupp: Sie sind schlicht bräunlich gefärbt, auch der Kopf ist bräunlich – nur das Muster auf den Flügeln erinnert schon an die Färbung erwachsener Vögel.

Die Goldammer

Zum richtigen Sommer in Feld- und Wiesenlandschaften gehört das markante „wie, wie, wie hab ich dich liieb"-Lied der leuchtend gelben Goldammer.

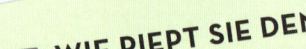
MÄNNCHEN

045 WIE PIEPT SIE DENN?

Von einer Buschspitze trägt das Goldammermännchen seinen leicht quietschenden Gesang vor, den man sich gut einprägen kann: Das aus zwei Tönen bestehende „zi zi zi zi zi ziiieh" klingt wie „wie, wie, wie hab ich dich liieb", dabei ist die Endsilbe „ziiieh" deutlich höher.

STECKBRIEF

NAME: *Emberiza citrinella* (Ammern)

BEI UNS: ganzjährig

LÄNGE/GEWICHT: 16–17 cm/24–30 g

VORKOMMEN: Felder und Wiesen mit Gebüsch und Waldrand

NAHRUNG: Heuschrecken, Maikäfer und andere Insekten, Raupen, Insektenlarven, im Winter Samen und Getreide

BRUT: 2-mal im Jahr, 3–5 Eier, 11–13 Tage, Nestlingsdauer 9–14 Tage

WEIBCHEN

FUTTERSUCHE AM BODEN

AUF FELDERN UND WIESEN

Wenn das Männchen während der Brutzeit auf einer Buschspitze sitzt und singt,
fällt seine gelbe Färbung deutlich in den
Blick. Kopf, Hals und Nacken sind leuchtend gelb, Rücken, Bauch und Flügel gelb
mit mehr oder weniger braunem Muster.
Beim Auffliegen treten markant der gelbe
Kopf und der rotbraune Hinterrücken
(Bürzel) zum Vorschein. Goldammern sind
Vögel der offenen Landschaft – daher
fehlen sie in dicht besiedeltem Gebiet
und kommen höchstens am Rand von
Dörfern und Siedlungen vor, wo es Felder
und Wiesen, Waldrand und Hecken gibt.

BODENBEWOHNER

Das Weibchen ist am ganzen Körper
gelb-braun gemustert – so ähnlich sieht
auch das Männchen nach der Mauser
in Herbst und Winter aus. Das Nest liegt
im niedrigen Gebüsch oder bodennah
im dichten Pflanzenbewuchs.

INSEKTEN UND SAMEN

Goldammern schaffen es, ihre Nahrung
den Jahreszeiten anzupassen. Darum
können sie das ganze Jahr über bei uns
bleiben. Vom Frühjahr bis in den Herbst
hinein erbeuten sie verschiedene Insekten, auch behaarte Raupen stehen auf

AM DORFRAND
AN DER FUTTERSTELLE:
BEGEHRT SIND HAFER,
HAFERFLOCKEN UND
KLEINE SÄMEREIEN.

ihrem Speisezettel – die mögen nicht
viele Vögel. Wenn die Wildgräsersamen
und Getreide reif werden und über den
Winter hinweg nimmt die pflanzliche
Kost einen immer größeren Stellenwert
bei der Nahrung ein. Dann ziehen Goldammern bei der Nahrungssuche gern in
Schwärmen mit anderen Finken von Feld
zu Feld – Flächen, die heutzutage leider
immer samenärmer werden.

Der Mauersegler

Die geselligen Vögel, die bestens an das dauerhafte Leben in der Luft angepasst sind, fehlen im Sommer in keiner Großstadt.

PERFEKTER FLIEGER

STECKBRIEF

NAME: *Apus apus* (Segler)

BEI UNS: Mai bis August

LÄNGE/GEWICHT: 16–17 cm/36–50 g

VORKOMMEN: Städte und Siedlungen mit hohen Häusern

NAHRUNG: nur fliegende Insekten

BRUT: 1-mal im Jahr, 2–3 Eier, 20 Tage, Nestlingsdauer 36–48 Tage

FLUGAKROBATEN

An warmen, trockenen Sommertagen ist der Himmel über den langen Häuserschluchten der Städte gefüllt mit den schrillen „srieh srieh"-Rufen der Mauersegler, die rasant in großen Schwärmen zwischen den Gebäuden umherfliegen. Immer wieder fallen die rasanten Flugmanöver der schwarzbraunen Vögel mit den sichelförmigen Flügeln auf. Dabei erbeuten sie kleinste Insekten und an

NISTPLATZ GESUCHT …

… UND GEFUNDEN!

NUR ZUR BRUTZEIT VERLASSEN SIE DEN LUFTRAUM.

046 WIE PIEPT ER DENN?

Von den Schwalben können Sie die Mauersegler leicht unterscheiden – Mauersegler sind ganz dunkel ohne jegliches Weiß am Bauch und sie rufen beim Fliegen unermüdlich schrill „sriieh sriieh".

Fäden reisende Spinnen wie mit einem Kescher, Luftplankton wird daher auch gern ihre Nahrung genannt.

AM BRUTPLATZ

Mauersegler verbringen die meiste Zeit ihres bis zu 21 Jahre dauernden Lebens in der Luft, dort schlafen sie (abwechselnd ruht mal die linke, mal die rechte Hirnhälfte) und paaren sich auch. Nur beim Nestbauen, Brüten und Füttern der Küken berührt ihr Körper festen Boden – allerdings weit oben unterm Dach. Dort verkleben sie in Hohlräumen Pflanzenteile

und Federn mit ihrem Speichel zu einem schalenförmigen Nest. Es gibt spezielle Nistkästen, bitte in mindestens 6 m Höhe unter dem schützenden Dachtrauf an der Hauswand anbringen oder in die Hauswand einbauen.

KURZER SOMMER

Anfang Mai sind die Mauersegler wieder da und Ende August ziehen sie schon wieder zum Überwintern in die Gebiete südlich der Sahara. In kalten und nassen Sommerperioden verschwinden die Mauersegler – sie wandern dorthin, wo

es trocken und warm ist, denn nur dort fliegen Insekten in der Luft. Die Küken im Nest sterben nicht in dieser Zeit, sie fallen in einen Hungerschlaf. Sobald die Eltern wieder da sind, erwachen sie daraus und sind wieder putzmunter.

Die Mehlschwalbe

Schwalben, die ihre Nester dicht an dicht oben an die äußeren Wände von Gebäuden bauen, sind stets Mehlschwalben.

MEHLSCHWALBEN FLIEGEN FLATTERND UND HÖHER ALS RAUCHSCHWALBEN.

KURZER SCHWANZ

TIPP

Statt Nester zu entfernen, erfreuen Sie sich lieber an den lebendigen Vögeln rund um Ihr Zuhause!

STECKBRIEF

NAME: *Delichon urbicum* (Schwalben)

BEI UNS: April bis Oktober

LÄNGE/GEWICHT: 12–13 cm/15–21 g

VORKOMMEN: Dörfer, Städte, Industriegebiete

NAHRUNG: kleine fliegende Insekten wie Mücken, Eintagsfliegen und Läuse

BRUT: 1–2-mal im Jahr, 2–6 Eier, 17–20 Tage, Nestlingsdauer 24–26 Tage

STADTVÖGEL

Während Rauchschwalben typisch für ländliche Dörfer mit Bauernhöfen sind, sind die geselligen Mehlschwalben, ursprünglich in felsigen Gebirgen zu Hause, eindeutig Städter. In rasanten Flügen stellen sie Insekten nach, dabei jagen sie auch gemeinsam mit den größeren Mauerseglern. Im Flug erkennt man deutlich den weißen Hinterrücken (Bürzel) der oben dunklen Vögel, die Unterseite ist bis auf den leicht gegabelten, am Ende schwarzen Schwanz komplett weiß.

AUF ABSTAND

„LEHM-TANKSTELLE"

UNTERM DACHTRAUF

Mehlschwalben brüten in Kolonien. Ihre aus Lehmkügelchen bestehenden Nestschalen kleben regengeschützt unter einem Dachvorsprung. Zum Schutz vor dem herunterfallenden Kot können Sie etwa 50 cm unterhalb der Nester 30 cm tiefe Holzbrettchen anbringen oder Sie bieten den Schwalben fertige Mehlschwalbennester oder mit Kaninchendraht überzogene Brettchen als Nistunterlage an. Halten Sie lehmige Erdstellen offen und feucht, damit sich die Schwalben daran bedienen können.

INSEKTENJÄGER

Während der Brutzeit haben die Mehlschwalbeneltern viel zu tun, denn jedes Küken frisst während seiner Nestlingszeit bis zu 38 000 kleine, zu Ballen verklebte Insekten. Der Rückgang der Insekten, den Sie u. a. daran merken, dass kaum noch tote Insekten an der Windschutzscheibe Ihres Autos kleben, trifft auch die Mehlschwalben voll: Wo es nichts zu fressen gibt, gibt es immer weniger von ihnen. Im Herbst ziehen sie zum Überwintern in die Gebiete südlich der Sahara.

047 WIE PIEPT SIE DENN?

Auch Mehlschwalben fliegen nicht geräuschlos, unentwegt rufen die Vögel einer Kolonie recht melodielos plätschernd-schwätzend „tschrrt" und „prrt".

95

Die Rauchschwalbe

Die Schwalbe mit den langen Schwanzspießen jagt meist im wendigen Flug über grünen Wiesen und Gewässern nach Insekten.

MIT LANGEM GABELSCHWANZ

STECKBRIEF

NAME: *Hirundo rustica* (Schwalben)

BEI UNS: April bis Oktober

LÄNGE/GEWICHT: 17–21 cm/16–25 g

VORKOMMEN: ländliche Dörfer, einzeln stehende Bauernhöfe, auch Siedlungsrand

NAHRUNG: fliegende Insekten

BRUT: 2-mal im Jahr, 4–6 Eier, 15 Tage, Nestlingsdauer 20–24 Tage

WETTERPROPHETEN

Schwalben gelten als Wetterpropheten: Fliegen sie hoch, bleibt das Wetter schön, fliegen sie tief, steht Regen bevor. Schwalben fliegen dort, wo sie Fliegen, Mücken und andere Insekten erbeuten können – und so gibt die Flughöhe auch an, wo sich gerade viele Insekten aufhalten. Auch Rauchschwalben leben stets in kleinen Kolonien, die ihnen Schutz vor Luftfeinden wie etwa Falken bieten.

BIS ZU 1400 „SCHLAMMFLÜGE" SIND FÜR EIN NEST NÖTIG.

NISTEN IM STALL

WIE WÄSCHEKLAMMERN AUF DER LEINE!

048 WIE PIEPT SIE DENN?

Am Nest oder auch beim Versammeln auf Leitungsdrähten singen Rauchschwalben sehr ausdauernd ihr zwitschernd-plauderndes Lied mit vielen, sehr schnellen Strophen, die stets mit einem Schnurren enden. Im Flug hört man ein fröhliches „wit wit wittwitt".

Im Flug erkennt man leicht den tief gegabelten Schwanz, der in zwei Spießen ausläuft. Auffallend sind die rote Stirn und Kehle – die Oberseite ist schillernd blauschwarz, der Bauch weiß mit einem schwarzen Band um den Hals.

UNTER DER STALLDECKE

Rauchschwalben nisten innerhalb von Gebäuden, zu denen es einen stets offenen Zugang gibt – Ställe, Scheunen, auch unter niedrigen Brücken. Die Nester bestehen aus Lehm, Halmen und Speichel. Bieten Sie den Rauchschwalben daher unbedingt offene Stellen mit lehmigem Boden in Nestnähe an, damit die Vögel nicht weit fliegen müssen. Lange Besorgungsflüge bergen auch die Gefahr, dass der Lehm unterwegs trocknet und sich dann nicht mehr als Baumaterial eignet. Hilfreich sind 15 x 15 cm große Bretter als Nestunterlage oder auch Rauchschwalben-Kunstnester, angebracht eine Handbreit unter der Decke.

ZUGZEIT

Im Herbst versammeln sich tagelang immer mehr Rauchschwalben auf den Leitungsdrähten vor dem gemeinsamen Abflug in die südafrikanischen Überwinterungsgebiete. Auf dem langen Flug rasten sie gern in Schilfgebieten mit großem Insektenreichtum.

Noch mehr kleine schwarze oder bunte Vögel

Auf diesen beiden Seiten finden Sie noch mehr kleine Vögel mit schwarzem oder buntem Gefieder, die auch rund ums Haus auftauchen.

Alpensegler 049
Apus melba (Segler)

Wie der Mauersegler ist auch der viel größere Alpensegler ein Vogel der Lüfte. In den Alpen besiedeln diese Vögel nicht nur die felsigen Berge, sondern zunehmend auch Städte und Dörfer.

Birkenzeisig 050
Carduelis flammea (Finken)

Früher ein Wintergast aus den nordischen Nadelwäldern, brüten Birkenzeisige heutzutage auch in nadelbaumreichen Gärten, Parks und auf Friedhöfen der Mittelgebirgslagen.

Dorngrasmücke 051
Sylvia communis (Grasmücken)

Wie ihr Name verrät, lebt sie meist versteckt im dornigen, stacheligen Gebüsch. Dort singt sie auch ihr kratziges Lied oder startet zum kurzen Singflug, der nach wenigen Höhenmetern endet.

Fichtenkreuzschnabel 052
Loxia curvirostra (Finken)

An dem typischen gekreuzten Schnabel ist er gut zu erkennen. Fichtenkreuzschnäbel sind auf Nadelbäume angewiesen, deren Samen sie fressen. Sie nehmen mitunter Kalk von Mauern und Wänden auf.

Gebirgsstelze `053`
Motacilla cinerea (Stelzen)

Durch die gelbe Färbung und den sehr langen Schwanz unterscheidet sie sich deutlich von der Bachstelze (siehe Seite 62). Sie bleibt stets in Gewässernähe, auch in Ortschaften. Nestbau in Nischen.

Gelbspötter `054`
Hippolais icterina (Zweigsänger)

Noch vor 100 Jahren war der Gelbspötter einer der häufigsten Gartenvögel. Heute hört man nur noch selten seinen Gesang mit vielen imitierten Vogelstimmen aus lichten Baumkronen.

Halsbandschnäpper `055`
Ficedula albicollis (Schnäpper)

Der kleine Halsbandschnäpper ähnelt dem Trauerschnäpper (siehe Seite 70) nicht nur optisch so sehr, sondern die beiden können sich auch erfolgreich paaren und Nachwuchs großziehen.

Karmingimpel `056`
Carpodacus erythrinus (Finken)

Der Karmingimpel erweitert sein Brutgebiet von Russland und Nordosteuropa nach Mitteleuropa – im Frühjahr und Herbst taucht der Körnerfresser auch an Futterstellen auf.

Rohrammer `057`
Emberiza schoeniclus (Ammern)

Rohrammern leben in Schilfbeständen an Gewässern. Die meisten ziehen über den Winter Richtung Mittelmeer – unterwegs können sie auch an Boden-Futterstellen mit Sämereien auftauchen.

Rotdrossel `058`
Turdus iliacus (Drosseln)

Im Winter mischen sich die kleineren Rotdrosseln gern unter die Schwärme der Wacholderdrosseln. Im Frühjahr ziehen sie wieder in ihre Brutgebiete in der nordischen Tundra und Taiga zurück.

Große Vögel

In diesem Kapitel finden Sie Vögel, die größer als eine Amsel sind und im Siedlungsbereich leben. Alle Vögel, die kleiner als eine Amsel sind, sind nach Gefiederfärbung sortiert in den ersten beiden Kapiteln untergebracht.

WAS SIND GRÖSSERE VÖGEL?

Während in den ersten beiden Kapiteln nur kleine Vögel vorgestellt werden, die locker in ihre Hände passen würden, finden Sie in diesem Kapitel deutlich größere Vögel. Dabei reicht die Größenpalette vom nur etwas größeren Buntspecht bis zu den größten heimischen Vögeln wie Höckerschwan, Graureiher und Weißstorch.

MANCHE HABEN EINEN SCHLECHTEN RUF

Vor allem Tauben und Krähenvögel wie Rabenkrähe oder Elster gehören unter den großen Vögeln zu den eher ungeliebten Arten, die an manchen Orten sogar (illegal) getötet werden. In den Städten werden Tauben gern als Ratten der Lüfte bezeichnet, doch der einst seltene Wanderfalke verdankt ihnen sein großartiges Comeback bei uns – mit Taubenhäusern bekommt man sie gut in den Griff. Elstern und Rabenkrähen hingegen wird ihre Liebe zu Vogeleiern, die sie allerdings mit Eichhörnchen, Igeln und vielen anderen Tieren teilen, zum Verhängnis: Ihnen wird sogar vorgeworfen, sie trügen zum Rückgang der Singvögel bei. Studien beweisen das Gegenteil, denn für die gewaltigen Einbrüche bei den Beständen von Vögeln, Insekten, Säugetieren, Amphibien und Co. sind weitaus intelligentere Wesen verantwortlich: wir Menschen.

Die Haustaube

Die vermutlich von der mediterranen Felsentaube abstammende Haus- oder Straßentaube ist in vielen Städten ziemlich unbeliebt.

FÜTTERN VERBOTEN!

IN DER STADT ZU HAUSE

STECKBRIEF

NAME: *Columba livia* f. *domestica* (Tauben)

BEI UNS: ganzjährig

LÄNGE/GEWICHT: 31–34 cm/240–300 g

VORKOMMEN: vor allem in Siedlungen

NAHRUNG: Samen von Bäumen und anderen Pflanzen, Getreide, Beeren, Brot und Abfälle

BRUT: 2–4-mal im Jahr, 2 Eier, 17–19 Tage, Nestlingsdauer 35–37 Tage

WOHER SIE KOMMEN

Vor rund 6500 Jahren nahmen die Menschen in Ägypten die wilde Felsentaube in ihre Obhut, weil sie deren Fleisch schätzten. Auch die Römer nutzten diese Wildtauben – sie züchteten sie auch zu Brieftauben, denn diese konnten über weite Distanzen wieder heimfinden. Mit den Römern kamen die heutigen Haus- und Straßentauben

DIE GURRENDEN RUFE („GRU GRUU") `059`
DER HAUSTAUBEN ERTÖNEN ÜBERALL,
WO DIESE VÖGEL LEBEN.

ZWEI „TURTELTAUBEN"

TAUBENJÄGER

Dank der großen Populationen an Haustauben haben die Wanderfalken (siehe Seite 124), die einst bei uns fast ausgestorben waren, die Städte als Lebensraum entdeckt. Dort jagen sie erfolgreich Tauben, vor allem kranke und schwache. So sorgen diese Falken für einen gesunden Taubenbestand.

auch zu uns. Sie besiedeln viele Städte, fehlen aber in ländlichen Dörfern. Durch die jahrtausendlange Zucht entstanden die verschiedenen Farbschläge in Weiß, Braun, Schwarz oder Bunt, die heutige Straßentauben neben den wildfarbenen grauen Formen zeigen.

TURTELNDE PÄRCHEN

Bei den Haustauben können Sie einfache Verhaltensbeobachtungen machen, zum Beispiel von einer Parkbank aus: Wie die Männchen mit aufgeblähtem Kropf gurrend Weibchen umturteln, wie Tauben Wasser an einer Trinkstelle aufsaugen oder ihr Gefieder mit dem Schnabel am sehr beweglichen Kopf reinigen.

TAUBENHAUS

Da Tauben mit ihrem Kot Gebäude beschmutzen und Krankheiten verbreiten können, werden sie in vielen Städten eingedämmt oder vertrieben – zum Beispiel durch das Verbot von Fütterungen oder an möglichen Nist- und Ruheplätzen (Balken, Simse, Nischen etc.) angebrachte Netze, Gitter und Drahtsysteme. Verzichten Sie in Haustaubengebieten auf Futterhäuser. Als gesellige Vögel nehmen Tauben auch gern aufgestellte Taubenhäuser an, in denen durch das Unterschieben von Eiattrappen die Anzahl der Nachkommen kontrolliert wird.

Die Ringeltaube

Auch die größte heimische Taubenart hat die Stadt als günstigen Lebensraum entdeckt. Sie taucht in immer mehr Städten auf, wo Bäume stehen.

MÄNNCHEN = WEIBCHEN

STECKBRIEF

NAME: *Columba palumbus* (Tauben)

BEI UNS: ganzjährig

LÄNGE/GEWICHT: 40–42 cm/ 450–520 g

VORKOMMEN: Felder und Wiesen mit Gebüsch und Wäldern, Parks, Grünanlagen, Friedhöfe, Tiergärten

NAHRUNG: Samen von Gräsern und Wildkräutern, Getreide, Baumsamen, Früchte, Blätter

BRUT: 2-mal im Jahr, 2 Eier, 17 Tage, Nestlingsdauer 33–34 Tage

ANSPRUCHSLOS

Auf Platz 10 der häufigsten Wildvögel, die bei uns brüten, steht die Ringeltaube – unter den Top 20 ist sie sogar der einzige Nichtsingvogel. Ihren Erfolg verdankt die Ringeltaube ihrer Anspruchslosigkeit – sie braucht ein paar Bäume zum Brüten sowie genügend pflanzliche Nahrung, egal ob Sämereien, Früchte oder Blätter. Das findet sie zur Genüge in den modernen begrünten Siedlungen. Die Ringeltaube erkennen Sie allein schon an der Größe, außerdem an dem auffallend weißen Fleck mit metallisch glänzenden Federpartien an beiden Halsseiten sowie dem graublauen Gefieder, an der Brust mit rötlichem Hauch. Beide Geschlechter sehen gleich aus.

DER WEISSE RINGEL IM FLUG

Fliegend fällt dann noch ein weiteres Merkmal der Ringeltaube auf – der breite weiße Streifen auf beiden Flügeln. Wenn eine Ringeltaube auffliegt, hören Sie das auch: Sie klatscht dabei deutlich mit den Flügeln. Im Frühjahr fliegen die Männchen zum Imponieren der Weibchen von einer erhöhten Stelle aus bis zu 30 m hoch in die Luft, klatschen oben angekommen mehrmals mit den Flügeln und gleiten dann mit ausgebreiteten Flügeln zum Ausgangspunkt zurück. Haben sich zwei Partner gefunden, zeigen sie dies durch intensives Kuscheln.

060 WIE PIEPT SIE DENN?

Vor allem während der Brutzeit ertönt das gurrende, ziemlich tiefe „gru gruu gruu gru gru" in stets fünfsilbigem Rhythmus: kurz – lang – lang – kurz – kurz.

IN DER STADT GEHÖRT DER WANDERFALKE ZUM WICHTIGSTEN FEIND DER RINGELTAUBEN, IM WALD IST ES DER HABICHT.

UNORDENTLICHES NEST

Auf Bäumen, in manchen Städten auch in Gebäudenischen, baut das Taubenpaar in Arbeitsteilung ein unordentliches, recht großes Nest aus Ästen: Er holt das Mate-rial, sie baut. Die Küken werden mit einer besonderen Nahrung gefüttert, der Kropf-milch – das ist eine spezielle im Kropf der Vögel gebildete Milch, die bis zu 15 % Eiweiße und bis zu 30 % Fett enthält.

Die Türkentaube

Vor fast 90 Jahren begann die Türkentaube, sich erfolgreich von der Türkei aus im europäischen Siedlungsraum auszubreiten – sie wird jetzt wieder weniger.

MÄNNCHEN = WEIBCHEN

STECKBRIEF

NAME: *Streptopelia decaocto* (Tauben)

BEI UNS: ganzjährig

LÄNGE/GEWICHT: 31–33 cm/150–225 g

VORKOMMEN: Parks, Gärten, Grünanlagen, Friedhöfe, Tierparks, Bauernhöfe

NAHRUNG: Samen von Gräsern und Wildkräutern, Getreide, Früchte, Blätter

BRUT: 2–4-mal im Jahr, 2 Eier, 14 Tage, Nestlingsdauer 18 Tage

MÄNNCHEN UND WEIBCHEN

Mit erstaunlichem Tempo hat die hübsche Türkentaube im letzten Jahrhundert ganz Europa erobert. Wegen ihres Wärmebedürfnisses kommt sie vornehmlich in den im Vergleich zum Umland wärmeren Siedlungen vor, am häufigsten in ländlichen Dörfern und Vorstädten mit Gärten. Männchen und Weibchen sehen gleich

AUSWANDERER: JUNGE NEIGEN DAZU, WEGZUZIEHEN UND SICH IN BIS ZU 200 KM ENTFERNUNG NEU ANZUSIEDELN. ↓

MEIST ALS PAAR UNTERWEGS

IM FLUG

aus – beigegraues Gefieder, das bei bestimmtem Lichteinfall rosé erscheint, mit einem auffallenden schwarz-weißen Ring um den Nacken.

IM TRUPP

Türkentauben sieht man selten allein. Meistens sind sie zu zweit als Pärchen unterwegs. Es brütet in einem locker gebauten Nest aus Reisig in Bäumen, Sträuchern, auch auf Fensterläden, unter Dächern und sogar auf Fernsehantennen. Wie bei allen Tauben werden die Küken zunächst mit Kropfmilch gefüttert. Nach der Brutzeit und im Winter suchen oft

auch kleine Türkentauben-Trupps gemeinsam Getreidekörner auf Hühnerhöfen und rund um Getreidesilos, Samen und andere Pflanzenkost am Boden. Türkentauben besuchen auch Futterstellen, an denen sie gern Sonnenblumenkerne und andere Sämereien verzehren.

IM FLUG

Weil das Flugbild so ähnlich wie das eines Sperbers (siehe Seite 122) ist, reagieren viele kleine Vögel auf eine fliegende Türkentaube mit warnenden Rufen. Der Sperber ist nämlich ein gewiefter Kleinvogeljäger.

061 WIE PIEPT SIE DENN?

Das ganze Jahr über, vermehrt aber während der Brutzeit von Februar bis Mai rufen die Männchen dreisilbig „bu buu bu" (kurz – lang – kurz). Mit diesem Gesang markieren die Männchen ihr Revier ums Nest. Da sie selbst auch brüten, rufen sie in dieser Zeit nur, wenn gerade das Weibchen auf den Eiern sitzt.

Der Buntspecht

Der häufigste Specht bei uns kommt überall vor, wo ein paar Bäume stehen. Hier findet er alles: Nahrung, Nistplätze und Deckung.

AUCH DIE WEIBCHEN MARKIEREN TROMMELND DAS REVIER – IHRE TROMMELWIRBEL SIND ABER KÜRZER.

STECKBRIEF

NAME: *Dendrocopos major* (Spechte)

BEI UNS: ganzjährig

LÄNGE/GEWICHT: 22–23 cm/70–90 g

VORKOMMEN: überall, wo Bäume stehen, auch Parks, Gärten, Friedhöfe

NAHRUNG: Insekten, Larven, auch Eier und Jungvögel, im Winter Fichten- und Kiefernsamen, Meisenknödel und anderes Fettfutter

BRUT: 1-mal im Jahr, 4–7 Eier, 11–13 Tage, Nestlingsdauer 20–24 Tage

MÄNNCHEN – ROT IM NACKEN

LEBEN AM STAMM

Da Buntspechte sehr anpassungsfähig sind, kommen sie längst nicht mehr nur in Wäldern vor, sondern haben auch die Städte erobert. Mit dem kräftigen Schnabel klopft der Specht die Rinde ab, um daruntersitzende Insekten und Larven zu finden. Mit seiner langen Zunge, die er bis zu 4 cm weit hervorstrecken kann, holt er sie aus dem Holz. Sein fester Schwanz dient dabei als Stütze für den Körper. Im Winter ernährt sich der Buntspecht vor allem von den nahrhaften Samen in den Fichten- und Kiefernzapfen. Um den

062 **WIE PIEPT ER DENN?**

Buntspechte singen nicht. Das Abklopfen des Baumstamms bei der Nahrungssuche hört man aber deutlich, weit sind die etwa zwei Sekunden andauernden Trommel-wirbel mit bis zu 16 Schlägen zu hören. Das ganze Jahr über ruft der Buntspecht scharf und kurz „kix", ist er sehr aufgeregt auch schnatternd „kikikikikix".

WEIBCHEN – OHNE ROT

FLIEGT VON BAUM ZU BAUM

Zapfen mit seinem Schnabel bearbeiten und an die Samen gelangen zu können, steckt er ihn gern in eine passende Spalte am Baum – die sogenannte Specht-schmiede. Darunter findet man Unmengen an zerhackten Zapfen. Auch Baumsäfte gehören zur Nahrung der Spechte. Durch ringförmig angebrachte Löcher, das „Ringeln", zapft der Specht die Stämme an.

MIT ODER OHNE ROTEN NACKENFLECK

Das Männchen ist an dem roten Nacken-fleck zu erkennen, der dem Weibchen fehlt. Das ist der einzige Unterschied bei den Geschlechtern mit ihrem schwarz-weißen Gefieder. Junge Spechte, die in der selbst gehämmerten Baumhöhle groß werden, tragen noch eine markante

rote Kopfplatte. Beide Eltern brüten und versorgen die Küken mit Insektenkost.

AN DER FUTTERSTELLE

Buntspechte, im Sommer mit ihren Jungen, bedienen sich auch gern an Meisenknö-deln und anderem Fettfutter, an das sie sich in typischer Weise hängen. Um an die Nahrung zu gelangen, hacken sie kräftig zu.

109

Der Grauspecht

Unter den „Erdspechten" lebt der Grauspecht viel unauffälliger als der Grünspecht. In vielen Wäldern, Parks und Obstgärten kommen beide vor.

MÄNNCHEN

STECKBRIEF

NAME: *Picus canus* (Spechte)

BEI UNS: ganzjährig

LÄNGE/GEWICHT: 25–26 cm/125–165 g

VORKOMMEN: Wälder mit alten Bäumen, auch Feldgehölze, Streuobstwiesen, Parks, Alleen

NAHRUNG: vor allem Ameisen und deren Brut, Insekten, Samen, Beeren und andere Früchte

BRUT: 1-mal im Jahr, 7–9 Eier, 14–15 Tage, Nestlingsdauer 24–28 Tage

AMEISENEXPERTE

Anders als der bekannte Buntspecht (siehe Seite 108) sucht der Grauspecht seine Nahrung vornehmlich am Boden – er plündert Ameisenhaufen. Darum müssen Sie sich nicht wundern, wenn Sie diesen Specht am Erdboden entdecken. Neben Ameisen und Puppen ernähren sich Grauspechte auch von

VEREINZELT HÖRT MAN SEINEN ABFALLENDEN RUF DAS GANZE JAHR ÜBER.

WEIBCHEN

IM WELLENFLUG

Insekten sowie Pflanzlichem – vor allem im Winter suchen sie auch die Rinde an den Baumstämmen nach Insekten ab, die im Holz leben. Sie besuchen auch Futterstellen.

GEMEINSAMES SORGERECHT

Grauspechte besitzen einen grauen Kopf, grauen Hals und eine graue Brust, der Rücken und die Flügel sind olivgrün mit schwarz-weißem Muster an den Flügelrändern. An der Kehle fällt ein schwarzer Streifen auf, ebenso ein schwarzer Fleck vor den Augen. Nur das Männchen (siehe Foto Seite 110 und 111 rechts) ist Rot an der Stirn, dort ist das Weibchen ebenfalls grau.

Grauspechtpaare zimmern gemeinsam eine Bruthöhle in einen Baumstamm, brüten die Eier aus und versorgen die Küken.

IM FLUG

Beim fliegenden Grauspecht fällt der gelblich grüne Hinterrücken (Bürzel) auf und das fehlende oder wenige Rot am Kopf. Wie alle Spechte absolviert auch der Grauspecht einen typischen Wellenflug, den man bei etwas längeren Flugstrecken gut erkennt. Dieser entsteht dadurch, dass die Vögel nicht durchweg mit den Flügeln schlagen, sondern diese nach jedem Schlag anlegen. Dabei geht die Flugbahn nach unten.

063 WIE PIEPT ER DENN?

Ab Spätwinter sucht der Grauspecht ein Brutrevier, das vom Männchen laut mit melancholisch abfallenden „kü kü kü kü"-Rufen markiert wird. So lockt er auch ein Weibchen an. Nach der Brutzeit streifen die Spechte weit umher – auch dann hört man sie immer mal wieder rufen.

Der Grünspecht

Der Grünspecht ist häufiger und weiter verbreitet, denn er ist nicht so streng an Wälder gebunden wie der Grauspecht.

MÄNNCHEN

STECKBRIEF

NAME: *Picus viridis* (Spechte)

BEI UNS: ganzjährig

LÄNGE/GEWICHT: 31–33 cm/ 180–220 g

VORKOMMEN: lockere Laubwälder, Feldgehölze, Streuobstwiesen, Parks, Alleen, Friedhöfe, Gärten mit Bäumen und Rasen

NAHRUNG: vor allem Ameisen

BRUT: 1-mal im Jahr, 5–8 Eier, 15 Tage, Nestlingsdauer 23–27 Tage

GRÜN SIND ALLE SEINE FARBEN

Der Grünspecht ist deutlich größer als der Grauspecht (siehe Seite 110). Zudem ist sein Gefieder kräftig olivgrün, unterseits eher graugrün, der Bürzel (Hinterrücken) gelblich grün, was besonders am fliegenden Vogel auffällt. Sehr farbig ist der Kopf des Grünspechts mit einer roten Kappe, die bis weit in den Nacken

REKORDZUNGE ZUR AMEISENJAGD: ÜBER 10 CM LANG, KLEBRIG UND MIT WIDERHAKEN AN DER SPITZE

WEIBCHEN

NISTHÖHLE IM STAMM

064 WIE PIEPT ER DENN?

Sein Gesang, der während der Brutzeit zu hören ist, klingt wie ein schallendes Lachen „kjück jück jück jück jück" oder „kjü kjü kjü". Die Rufe unterm Jahr und beim Fliegen sind ähnlich, aber nur kurz. Er trommelt nur sehr selten.

hinunterreicht, und der schwarzen Augenregion. Männchen und Weibchen unterscheiden sich nur durch die Färbung eines breiten „Bartstreifens", der beim Männchen rot und beim Weibchen schwarz ist. Zum Brüten nehmen Grünspechte lieber leere Baumhöhlen an als selbst eine zu zimmern. Dazu brauchen sie alte, dicke Bäume mit weichen Partien.

LEIBSPEISE: AMEISEN

Seine Nahrung sucht der Grünspecht hüpfend am Boden. Hat er ein Ameisennest gefunden, bohrt er ein Loch hinein und holt mit seiner langen, klebrigen Zunge Ameisen und Puppen heraus. Auch die großen Nester der Waldameisen werden vom Grünspecht besucht und aufgebrochen, vor allem im Winter, wenn sich die Völker der Weg- und Wiesenameisen tief in den Erdboden zurückgezogen

haben. Da er nur selten an der Rinde der Stämme und Äste nach im Holz lebenden Insekten sucht, sterben in schneereichen, langen Wintern viele Grünspechte.

AN DER FUTTERSTELLE

Dort, wo der Grünspecht vorkommt, besucht er auch Futterstellen: Er nimmt Apfelstücke ebenso an wie Fettfutter und verschiedene Sämereien, die Sie ihm am besten am Boden anbieten.

113

Die Dohle

Dohlen hört man schon von Weitem: Ihre hellen „kjack"-Laute erfüllen die Luft und es ist eine Freude, die lebhaften Vögel zu beobachten.

MÄNNCHEN = WEIBCHEN

STECKBRIEF

NAME: *Coloeus monedula* (Krähen)

BEI UNS: ganzjährig

LÄNGE/GEWICHT: 33–34 cm/ 220–270 g

VORKOMMEN: lichte Wälder mit alten Bäumen, Felsgebiete, Steinbrüche, alte Burgen und Gemäuer, Kirchtürme in Städten

NAHRUNG: Insekten, Schnecken, Würmer, Eier, Jungvögel, auch Samen, Früchte, Abfälle

BRUT: 1-mal im Jahr, 3–6 Eier, 17–18 Tage, Nestlingsdauer 30–35 Tage

SCHLOSSBEWOHNER

Dohlen sind recht kleine Krähenvögel mit grau-schwarzem Gefieder. Sehr markant sind die hellgrauen Augen. Diese geselligen Vögel kommen sowohl mitten in Städten vor, wo sie in hohen, alten Gebäuden nisten, als auch in felsigen Gebieten, frei

VON ETWA JULI BIS FEBRUAR
GEMEINSAM MIT SAATKRÄHEN
IN GROSSEN SCHWÄRMEN
AUF FUTTERSUCHE ODER
AN SCHLAFPLÄTZEN

NIEMALS ALLEIN

HAUS AM HAUS

065 WIE PIEPT SIE DENN?

Die ruffreudigen Dohlen rufen tagsüber klangvoll „kjack", „kjok", „kja" oder „kjarr". Dohlen können auch singen, das wie ein Schwätzen klingt – dieses ist allerdings so leise, dass man es nur hört, wenn man ganz nah ist.

stehenden Burgruinen und sogar in verlassenen Schwarzspechthöhlen. Wichtig sind genügend tiefe Spalten und andere Nischen auf engem Raum und mit freiem Anflug, in denen die „Turmraben" einer Kolonie brüten können.

IN DER KOLONIE
Dohlen sind äußerst gesellig und sind ihrem Partner bis zum Lebensende (Alterserwartung 13 Jahre, in Ausnahmefällen bis zu 19 Jahre) treu. Dohlen bilden Kolonien. Verpaarte Dohlen zeigen ihre Zuneigung durch gegenseitiges Kraulen und Schnäbeln. Während das Weibchen brütet, wird es vom Partner gefüttert. Ihre Nahrung finden die Dohlen meist auf offenen Flächen, zu denen sie als gute Flieger auch viele Kilometer weit fliegen. Dort fressen sie im Sommer allerlei Kleintiere, im Winter mehr pflanzliche Kost. Sie suchen auch Komposthaufen auf, verzehren Taubenfutter und an Futterstellen alles, was dort angeboten wird.

DOHLENHAUS
Dohlen nehmen auch spezielle Dohlennistkästen an, die zu vielen an die Außenwand von Gebäuden oder an Bäumen in Parks in mindestens 10 m Höhe aufgehängt werden, Grundfläche 25 x 25 cm, Höhe mindestens 50 cm, Flugloch mit 8 cm Durchmesser, ohne Sims oder Sitzstange. Wichtig ist ein weit überstehendes Dach.

115

Der Eichelhäher

Wenn die Brutzeit vorbei ist und Eichelhäher gern allein oder im kleinen Trupp herumstreifen, tauchen sie auch in Gärten mit Obstbäumen auf.

EICHENGÄRTNER: PRO SAISON VERGRÄBT ER MEHRERE TAUSEND EICHELN IM BODEN. VIELE FINDET ER NICHT WIEDER, DARAUS WACHSEN NEUE BÄUME.

STECKBRIEF

NAME: *Garrulus glandarius* (Krähen)

BEI UNS: ganzjährig

LÄNGE/GEWICHT: 32–35 cm/ 140–190 g

VORKOMMEN: Wälder mit Eichenbestand, Feldgehölze, Parks, Friedhöfe, größere Gärten

NAHRUNG: Eicheln, Bucheckern, Nüsse und andere Baumfrüchte, Beeren

BRUT: 1-mal im Jahr, 3–6 Eier, 16 Tage, Nestlingsdauer 20 Tage

 MÄNNCHEN = WEIBCHEN

WALDBEWOHNER

Eichelhäher sind die buntesten Krähenvögel. Während der Brutzeit ziehen sich die scheuen Vögel meist in Wälder zurück, wo sie im Schutz eines hohen Baums oder Strauchs in einem kompakten, flachen Nest brüten – dann fallen die bräunlich rosa Vögel mit dem schwarzen Bartstreifen und den schwarz-weißen Flügeln mit dem schwarz-blau-weißen Flügelfeld kaum auf. Auch im Flug ist der taubengroße Eichelhäher gut zu erkennen. Markant sind der weiße Hinterrücken (Bürzel), der weithin leuchtet, sowie das weiße Flügelfeld auf jedem Flügel.

AUF FUTTERSUCHE

MIT WEISSEM BÜRZEL

066 WIE PIEPT ER DENN?

Durchdringend und laut sind die typischen Rufe des Eichelhähers „rätsch rätsch rätsch". Dem Blick des aufmerksamen Vogels entgeht nichts, wenn er von einem Ast aus die Umgebung im Visier hat. Vor jedem Spaziergänger oder Feind warnt er sofort seine Artgenossen.

WARNENDE WALDPOLIZEI

Erst wenn die Brutzeit Mitte Juli vorbei ist, wird der Eichelhäher sicht- und hörbar. Dann sieht man ihn aufmerksam im Geäst sitzen oder auch über freie Stellen fliegen – vor allem dann ertönen seine unverkennbar rätschenden Warnrufe. Bei Erregung stellt er seine Federn am Kopf zu einer Haube auf. Noch auffälliger wird der Eichelhäher zum Herbst hin, wenn er in kleinen Trupps auf den Streuobstwiesen mit reifen Äpfeln unterwegs ist oder jede Menge Eicheln sammelt, in Kropf und Schnabel transportiert und als Wintervorrat im Boden versteckt.

AN DER FUTTERSTELLE

Im Herbst und Winter kommen Eichelhäher auch an Vogelfutterstellen. Dort füllen sie gern Nüsse und Sonnenblumenkerne in ihren Kehlsack und verstecken auch diese als Vorrat im Boden. Mit leuchtend gelben Maiskolben können Sie Eichelhäher gezielt anlocken.

117

Die Elster

Zu Unrecht haben Elstern einen schlechten Ruf: Studien besagen, dass ihre Anwesenheit kleine Vögel fitter macht.

ELSTERN SIND SCHEU UND MEIDEN MENSCHLICHE NÄHE.

067 WIE PIEPT SIE DENN?

Wenn eine Elster ruft, hört sich ihr Schackern „schäck schäck" an wie eine halbvolle Streichholzschachtel, die geschüttelt wird. Mit diesem Ruf warnt sie vor Gefahr oder Eindringlingen in ihrem Revier. Je schneller sie ruft, umso aufgeregter ist sie.

MÄNNCHEN = WEIBCHEN

STECKBRIEF

NAME: *Pica pica* (Krähen)

BEI UNS: ganzjährig

LÄNGE/GEWICHT: 40–51 cm/ 200–250 g

VORKOMMEN: Felder und Wiesen mit Büschen und Bäumen, Parks, Siedlungen

NAHRUNG: Insekten und deren Larven, Spinnen, Würmer, Schnecken, auch Mäuse, Eier und kleine Vögel, im Winter Getreide, Samen, Früchte

BRUT: 1-mal im Jahr, 4–8 Eier, 17–18 Tage, Nestlingsdauer 22–24 Tage

ELEGANTER FLIEGER

NEST MIT DACH

TREUE PARTNER

Mit dem langen Schwanz, dem schwarz-weißen Gefieder und dem metallisch blaugrünen Schimmer ist die Elster der schönste Krähenvogel. Das ganze Jahr über präsentiert sich die Elster hoch oben auf der Spitze eines Baumes und ist weithin sichtbar – so markiert sie ihr ganzjährig besetztes Revier gegenüber anderen Elstern, dazu hört man sie auch kurz „kia" oder „kjää" rufen. Viele Elsternpaare bleiben zeitlebens beisammen, bis zu 21 Jahre lang.

UNVERKENNBAR

Auch im wellenförmigen Flatterflug ist die Elster eine Schönheit – langer Schwanz, schwarz-weiße Flügel wie Fächer. Ihre vielfältige Nahrung findet die Elster meist hüpfend am Boden. Weil es immer weniger Nahrung auf den Feldern gibt, ist die Elster in die Siedlungen gezogen. Dort sind Rasenflächen gute Futterplätze. Im Frühjahr plündern Elstern auch die Nester kleiner Vögel – viele Studien haben aber gezeigt, dass das keinerlei negative Wirkung auf die betroffenen Arten hat.

NEST MIT DACH

Ihr kugelförmiges Nest aus Ästen und Zweigen baut die Elster meist mit viel Lärm oben am Rand einer hohen Baumkrone. Es hat ein Dach, das man auch gut erkennen kann. Meist beginnt sie mit dem Bau mehrerer Nester und entscheidet sich dann für eines. Wenn später die Jungvögel das Nest verlassen, können Sie beobachten, wie sie unter der Obhut der wachsamen Eltern langsam selbstständig werden. Elstern gelten als intelligent: Sie erkennen sich sogar selbst im Spiegelbild.

Die Rabenkrähe

Im westlichen Deutschland lebt die schwarze Rabenkrähe, die auch in die Städte gezogen ist. Dort findet sie das ganze Jahr über reichlich Nahrung.

MÄNNCHEN = WEIBCHEN

STECKBRIEF

NAME: Corvus corone (Krähen)

BEI UNS: ganzjährig

LÄNGE/GEWICHT: 44–51 cm/ 540–600 g

VORKOMMEN: Felder und Wiesen mit Bäumen und Feldgehölz, Waldränder, Parks, Gärten, Siedlungen

NAHRUNG: Insekten und deren Larven, Würmer, Schnecken, auch Mäuse, Eier, Getreide, Früchte, Aas, Abfälle

BRUT: 1-mal im Jahr, 4–6 Eier, 17–18 Tage, Nestlingsdauer 30–32 Tage

RABENKRÄHE

Im westlichen Europa inklusive Großbritannien und der Iberischen Halbinsel ist die schwarze Rabenkrähe heimisch. Außerhalb der Brutzeit bildet sie größere Schwärme, die sich tagsüber bei der Suche nach Nahrung auf Feldern, Wiesen, Industriebrachen und ähnlichen offenen Flächen treffen. Abends kehren die Vögel aus verschiedenen Richtungen zu den Schlafbäumen zurück, über denen sie laut krächzend kreisen, bevor sich die lärmende Gesellschaft bei Dämmerungsende ins Geäst begibt. Auch dann hält der Lärm der Vögel noch an – das Ganze ist zwar ein beeindruckendes Naturschauspiel, aber für manche Anwohner auch nervtötend.

068 WIE PIEPT SIE DENN?

Obwohl die Rabenkrähe wie alle Krähen auch zu den Singvögeln zählt, da ihr Stimmapparat so gebaut ist, kann sie nicht besonders gut singen. Mit dem rauen „kraa kraa" bleiben die Vögel ständig miteinander in Kontakt. Imponierende Männchen gehen dazu in Pose und wiederholen mehrmals rollend „krraar krraar".

TYPISCHES FLUGBILD

NEBELKRÄHE

IM WESTEN LEBT DIE SCHWARZE RABENKRÄHE, IM NORDOSTEN DIE GRAU-SCHWARZE NEBELKRÄHE.

STÖRENFRIEDE

Während der Brutzeit teilen sich die Schwärme: Die Paare, die zeitlebens zusammenbleiben, besetzen ein Revier rund um ihr großes Nest in der Baumkrone. Die nicht verpaarten Rabenkrähen ziehen als kleine Trupps umher und drangsalieren die Brutpaare: Sie versuchen, eines der raren Brutreviere zu besetzen, um selbst brüten zu können, oder klauen Eier und Küken. Durch diese Störungen können sich die Rabenkrähen nicht ungebremst vermehren, auch wenn es noch so viel Nahrung gibt.

NEBELKRÄHE

Im Nordosten Deutschlands kommt die ähnliche Nebelkrähe mit hellgrauschwarzem Gefieder vor, deren Verbreitungsgebiet sich auf das östliche Europa inklusive Italien erstreckt. Sie ist sehr eng mit der Rabenkrähe verwandt.

121

Der Sperber

Als Kleinvogeljäger folgt der Sperber den Singvögeln in die Siedlungen – sogar an Futterstellen macht er Jagd auf kranke und schwache Vögel.

JAGT VÖGEL AUS DEM VERSTECK HERAUS

STECKBRIEF

NAME: *Accipiter nisus* (Habichtverwandte)

BEI UNS: ganzjährig

LÄNGE/GEWICHT: 28–38 cm/ 100–350 g

VORKOMMEN: Wälder mit Lichtungen, Waldränder, Felder und Wiesen mit Feldgehölzen, Parks, Friedhöfe

NAHRUNG: kleine Vögel

BRUT: 1-mal im Jahr, 4–6 Eier, 35 Tage, Nestlingsdauer 24–30 Tage

ÜBERRASCHUNGSANGRIFF

Mit kurzen Flügeln und langem Schwanz sind die wendigen Sperber Jäger kleiner Vögel, die ihrer Beute aus dichtem Gebüsch heraus auflauern und in einem blitzschnellen Überraschungsangriff überwältigen. Rasch packen sie ihr Opfer mit ihren scharfen Krallen, während alle anderen Kleinvögel davonstieben, und

TAUCHEN HIN UND WIEDER
AUCH AN FUTTERHÄUSERN AUF,
UM ZU JAGEN.

MÄNNCHEN

WEIBCHEN

069 WIE PIEPT ER DENN?

Sperber hört man so gut wie gar nicht. Eher wird man auf ihn aufmerksam, wenn kleine Vögel ihre typischen hohen Warnrufe („siiiiiiie") ausstoßen. Da fliegende Kuckucke und Türkentauben (siehe Seite 106) ähnlich aussehen, reagieren die Vögel auch auf diese beiden harmlosen Vertreter.

verschwinden auf der Stelle. Manchmal erinnern nur ein paar Federn in der Luft an den Sperberangriff. Sperber rupfen ihre Vogelbeute fein säuberlich und hinterlassen jede Menge Federn mit ganzen Kielen. Im Unterschied: Katzen und Marder hingegen beißen die Federn ab, sodass die Federkiele kaputt sind.

KLEINES MÄNNCHEN

Die beiden Geschlechter unterscheiden sich deutlich in der Größe. Das kleinere Männchen ist deutlich kleiner als ein Turmfalke, die Oberseite ist blaugrau

gefärbt, die Unterseite weiß-rostrot gebändert. Es erbeutet bis zu amselgroße Vögel. Die langen gelben Beine fallen auf, mit denen die Sperber auch im Gebüsch nach Vögeln greifen können.

GROSSES WEIBCHEN

Die graubraunen Weibchen mit der weißlich-schwarz gebänderten Unterseite sind etwas größer als ein Turmfalke und doppelt so schwer wie die Männchen. Dadurch können sie auch viel größere Beutevögel (bis zur Größe einer Taube) überwältigen und machen dem Männchen

keine Konkurrenz. Sperber haben auch die Siedlungen als Jagdgebiet entdeckt. Da ihre Hauptbeute kränkelnde oder geschwächte Vögel sind, spielen sie eine wichtige Rolle als Gesundheitspolizei. Das kleine Nest liegt gut versteckt in hohen, alten Nadelbäumen.

Der Wanderfalke

Vor 50 Jahren galt er bei uns als fast ausgestorben. Heutzutage gibt es ihn wieder, denn er hat die Städte als hervorragendes Jagdrevier entdeckt.

TYPISCHES FLUGBILD

070 WIE PIEPT ER DENN?

Ähnlich wie der Turmfalke (siehe Seite 135) stößt auch der Wanderfalke Rufe in einer Sequenz aus, die aber rauer klingen: „grä grä grä grä".

STECKBRIEF

NAME: *Falco peregrinus* (Falken)

BEI UNS: ganzjährig

LÄNGE/GEWICHT: 36–48 cm/ 600–1300 g

VORKOMMEN: offene Landschaften mit Felsen, Städte mit hohen Gebäuden, auch an der Küste

NAHRUNG: Drosseln, Tauben, Krähen, Möwen und andere Vögel

BRUT: 1-mal im Jahr, 3–4 Eier, 29–32 Tage, Nestlingsdauer 35–42 Tage

ES GEHT AUFWÄRTS

Der Wanderfalke ist ein kräftiger, großer Falke mit recht kurzem Schwanz. Die breiten Flügel laufen spitz zu, die Unterseite ist hell mit feiner dunkler Bänderung am Bauch. Da er besonders empfindlich auf Umweltgifte wie DDT reagierte, stand es in der zweiten Hälfte des letzten Jahrhunderts schlecht um ihn. Dank des rechtzeitigen Verbots und durch Schutzmaßnahmen erholten sich die Bestände. In der Stadt gibt es an hohen Gebäuden gute Plätze zum Nisten und dank der Haustauben auch genug Nahrung.

WANDERFALKEN KOMMEN
AUF ALLEN KONTINENTEN
DER ERDE VOR, NUR IN DER
ANTARKTIS FEHLEN SIE.

RASANTER STURZFLUG

DER RÜCKEN
IST DUNKEL.

BRUTPLATZ
AM „HOCHHAUS-FELSEN"

STURZFLUG

Wanderfalken erbeuten nur Vögel. Bei der Jagd fliegen sie hoch am Himmel und schießen dann plötzlich mit hoher Beschleunigung und angewinkelten Flügeln nach unten, um eine Taube oder einen anderen Vogel zu schlagen. Oftmals versetzen sie der Beute einen solch heftigen Stoß, dass sie abstürzt und dann vom Wanderfalken ergriffen wird. Im Sturzflug erreichen sie Spitzengeschwindigkeiten von über 300 km/h.

„STADTFELSEN"

Männchen und Weibchen sehen gleich aus. Oberseits sind sie schiefergrau, der Kopf trägt eine schwarze „Haube" mit weißen Wangen und gelber Haut um Schnabel und Augen. Ursprünglich haben Wanderfalken in Felsnischen gebrütet, sie nehmen auch die großen Nester von Krähen, Reihern, Bussarden und anderen Greifvögeln an, in Städten sogar an hohen Gebäuden angebrachte Nistkörbe und Nistkästen.

Die Schleiereule

Wie ein weißes Gespenst erscheint eine fliegende Schleiereule, wenn sie im Lichtkegel einer Lampe oder eines Autoscheinwerfers auftaucht.

WIE EIN WEISSES „GESPENST"

STECKBRIEF

NAME: *Tyto alba* (Schleiereulen)

BEI UNS: ganzjährig

LÄNGE/GEWICHT: 33–35 cm/ 290–460 g

VORKOMMEN: am Rand von Siedlungen mit angrenzenden Feldern und Wiesen

NAHRUNG: vor allem Feldmäuse, auch Spitzmäuse

BRUT: 0–2-mal im Jahr, 4–11 Eier, 33 Tage, Nestlingsdauer 63–84 Tage

LEISE MÄUSEJÄGER

Fliegend wirkt die Schleiereule sehr hell. Ihre hellen, ausgebreiteten Flügel haben eine Spannweite von rund 90 cm. Dank spezieller Federn fliegt auch sie wie alle Eulen geräuschlos. Schleiereulen sind reine Mäusejäger. Da sie kaum Fettreserven ansetzen können, müssen sie jede Nacht erfolgreich jagen. Da sich dieser

MÄNNCHEN = WEIBCHEN

AM NISTPLATZ

DAS WEIBCHEN BRÜTET EINEN MONAT LANG UND WIRD DABEI VOM MÄNNCHEN VERSORGT.

071 WIE PIEPT SIE DENN?

Während der Brutzeit hört man am Nistplatz kreischend-schnarchend-fauchende „chrrr"-Laute, die zu so einem gespenstigen Wesen wie der hellen Schleiereule gut passen.

Erfolg in schneereichen Wintern oft nicht einstellt, verhungern viele Schleiereulen.

HERZ IM GESICHT

Das markanteste Merkmal der Schleiereule ist ihr weißes herzförmiges Gesicht. Dieser sogenannte Gesichtsschleier leitet die Geräusche wie Ohrmuscheln zu den seitlich am Kopf sitzenden Öffnungen der Ohren. Er dient dazu, dass Schleiereulen jedes Geräusch wie etwa das Rascheln einer Maus zielgenau orten können. Mit den scharfen Krallen an den langen Beinen wird die Beute ergriffen.

INDOOR-BRUT

Schleiereulen brüten gern in dunklen, geräumigen Nischen von Scheunen, Kirchtürmen, Dachstühlen und Trafohäusern mit ständig offenem Zugang, von dem aus sie ungestört ins Freie fliegen können. Solche Nistplätze zu finden wird immer schwieriger. Hier helfen spezielle Schleiereulennistkästen, die man an passenden Stellen aufstellen kann und die gern angenommen werden. Schleiereulen machen ihr Brutgeschäft vom Mäusereichtum abhängig – in mäusereichen Jahren brüten sie sogar zweimal, in mäusearmen Jahren gar nicht.

Der Waldkauz

Der Waldkauz ist unsere häufigste Eule. Seine „hu huu"-Rufe sind bekannt als Untermalung von Grusel- und Krimifilmen.

SCHWARZE AUGEN

STECKBRIEF

NAME: *Strix aluco* (Eulen)

BEI UNS: ganzjährig

LÄNGE/GEWICHT: 37–39 cm/ 330–590 g

VORKOMMEN: Wälder, Parks, Friedhöfe, Dörfer mit alten Laubbäumen

NAHRUNG: Mäuse und andere kleine Säugetiere, Drosseln, Stare und andere kleine Vögel, auch Frösche, Kröten, Käfer, Würmer

BRUT: 1-mal im Jahr, 3–6 Eier, 28–30 Tage, Nestlingsdauer 32–37 Tage

KNOPFAUGEN

Beide Geschlechter haben eine rundliche Gestalt, braun-beige gestriftes Gefieder mit auffallend großem Kopf und großen, schwarzen, runden Augen. Im Flug fallen die breiten Flügel auf und der kurze Schwanz. Waldkauzpaare bleiben das

NISTKASTEN FÜR WALDKÄUZE:
GRUNDFLÄCHE 28 × 28 CM,
HÖHE 50 CM, FLUGLOCH MIT
13 CM DURCHMESSER

072 WIE PIEPT ER DENN?

Von Herbst bis weit ins Frühjahr hinein sind nachts die schaurig heulenden „hu huu"-Rufe der Männchen zu hören, mit denen es sein Brutrevier abgrenzt und seine Partnerin ruft. Mit einem helleren „kuwitt" antwortet das Weibchen. Früher haben die Menschen darin den nächtlichen Todesboten gehört, der „Komm mit!" ruft.

ÄSTLING

WALDOHREULE 073

ganze Leben lang zusammen. Nach der Brutzeit Ende Juli ziehen beide Partner allein umher. Tagsüber sonnen sie sich dann gern auf einem Ast, worauf Meisen und andere Singvögel hektisch mit hohen Warnrufen reagieren.

ÄSTLINGE

Waldkäuze brüten in großen Baumhöhlen, auf Dachböden oder in verlassenen Krähennestern. Die hellen Waldkauzküken verlassen das Nest schon lange, bevor sie fliegen können. Dann sitzen sie vereinzelt im Geäst (Ästling) und werden noch eine längere Zeit von den Eltern versorgt. Mit bettelnden Rufen machen sie ihre Eltern auf sich aufmerksam. Finden Sie so einen scheinbar heimatlosen Jungvogel am Boden, so setzen Sie ihn am besten auf den höchsten erreichbaren Ast, auf dem er nicht von Rabenkrähen gesehen werden kann.

WALDOHREULE

Auch die etwas kleinere Waldohreule mit orangen Augen und meist aufgestellten Federohren kommt in Parks, kleinen Wäldchen und Alleen vor. Sie brütet in verlassenen Krähen- und Elsternnestern und jagt Mäuse in offenem Gelände. Im Winter schließt sie sich gern zu kleinen Trupps zusammen, die dann auch in die Städte ziehen und tagsüber in Baumgruppen ruhen.

Der Graureiher

Der Graureiher taucht auf der Suche nach Nahrung auch gern an Gartenteichen auf – zum Leidwesen der Besitzer.

AUFMERKSAM

DER KOLONIEBRÜTER LEGT GROSSE NESTER IN DEN HOHEN KRONEN BENACHBARTER BÄUME AN.

STECKBRIEF

NAME: *Ardea cinerea* (Reiher)

BEI UNS: ganzjährig

LÄNGE/GEWICHT: 90–98 cm/1,6–2 kg

VORKOMMEN: Seen, Teiche, Bäche und Flüsse mit flachem Ufer und nahe gelegenen Bäumen, Auwälder

NAHRUNG: Fische, auch Frösche, Würmer, Mäuse und andere kleine Säugetiere, große Insekten

BRUT: 1-mal im Jahr, 3–5 Eier, 25–28 Tage, Nestlingsdauer 42–50 Tage

AM GARTENTEICH

Nicht nur die regelmäßigen Fütterungszeiten von Robben mit Fischen im Zoo locken den Graureiher an, sondern auch die auffallend bunten Goldfische in den Gartenteichen. Was tun? Als geschützte Vögel dürfen Graureiher nicht gejagt werden. Wählen Sie für den Teich nicht grellbunte Goldfische, sondern heimische Moderlieschen, Elritzen oder auch Rotfedern. Bieten Sie den Fischen geschützte Stellen an wie Seerosen, Wasserlinsen oder überstehende Steine, unter denen sie sich verstecken können, verzichten Sie auf aus dem Wasser ragende Steine oder Baumstümpfe, auf denen der Reiher stehen könnte. Auch straff gespannte Netze über flache Uferbereiche oder das Einzäunen des Ufers helfen.

AUF DER LAUER

FLIEGT MIT GEBOGENEM HALS

FISCH- UND MÄUSEJÄGER

Graureiher mit langem Hals und langen Beinen sind grau, der Kopf und vorderste Halspartie schwarz-weiß gemustert, der kräftige, lange Schnabel ist gelb. Bis zu 30 cm lange Fische sind seine Hauptnahrung, aber auf Wiesen und Feldern jagt er auch nach Mäusen und anderem Kleingetier. Wie den Fischen so lauert der Graureiher auch dort seiner Beute regungslos verharrend auf, um dann blitzschnell mit dem dolchartigen Schnabel zuzustoßen.

IM FLUG

Mit einer Spannweite von bis zu fast 2 m gehört der Graureiher zu unseren größten Vögeln. Oft sieht man ihn mit bedächtigen Flügelschlägen langsam fliegend – vom ähnlich großen Weißstorch (siehe Seite 132) und vom Kranich lässt er sich schon von Weitem durch die Haltung des Halses unterscheiden: Immer legt der Graureiher im Flug seinen Hals s-förmig zusammen, sodass er kurz und dick wirkt. Ab Mitte Februar beginnt er mit dem Nestbau.

074 WIE PIEPT ER DENN?

Graureiher gehören zu den stillen Vögeln, wenn sie unterwegs sind – in den umtriebigen Brutkolonien hingegen hört man weithin die heiserkrächzenden „krrraiiik"-Rufe. Junge Küken im Nest machen unentwegt mit schnatterndem „keckkeckkeckkeckkeck" auf sich aufmerksam.

131

Der Weißstorch

Seit den 1950er-Jahren durch tiefgreifende Veränderungen seines Lebensraums selten geworden, sieht man ihn heute wieder mehr.

MÄNNCHEN = WEIBCHEN

STECKBRIEF

NAME: *Ciconia ciconia* (Störche)

BEI UNS: März bis Oktober

LÄNGE/GEWICHT: 100–115 cm/3–3,5 kg

VORKOMMEN: feuchte und wenig genutzte Felder und Wiesen am Rand von Dörfern mit Türmen, Masten u. Ä.

NAHRUNG: Regenwürmer, große Insekten, Mäuse, Maulwürfe, Schlangen, Frösche, Kröten

BRUT: 1-mal im Jahr, 3–6 Eier, 33–34 Tage, Nestlingsdauer 58–64 Tage

ADEBAR

Einst war der Weißstorch bei uns so weit verbreitet, dass er den Menschen als Kinder- und Glücksbringer galt, Adebar wurde verehrt. Mit dem Trockenlegen vieler Wiesen und Felder verlor der große schwarz-weiße Storch mit den langen roten Beinen und dem roten Schnabel

075 MIT LAUTEM KLAPPERN BEGRÜSSEN SICH DIE STORCHELTERN JEDES MAL AUF DEM NEST.

KLAPPERNDE BEGRÜSSUNG

FLIEGT MIT GERADEM HALS

GROSSER APPETIT!

Eine Storchenfamilie verzehrt täglich etwa 5 kg Nahrung! Diese findet sie vor allem auf extensiv genutzten Weiden und Wiesen. Mit dem Kauf von Bioprodukten aus dem ökologischen Landbau sowie Rindfleisch und Milchprodukten aus extensiver Weidehaltung unterstützen Sie den Erhalt solcher Grünflächen.

seine Nahrungsgrundlage. Zum Glück setzten sich Menschen für ihn ein und brachten ihn zumindest in einige Gebiete zurück. Dort sieht man ihn wieder auf den offenen Flächen bei der Jagd nach kleinen Tieren.

HOCH OBEN

Ursprünglich nisteten Weißstörche auch in Bäumen, doch bei uns errichten sie ihr wagenradgroßes Nest auf Gebäudedächern und Masten oder sie nehmen künstliche Nestvorrichtungen an. Viele Weißstörche überwintern auf Spaniens Reisfeldern und Mülldeponien, einige versuchen auch in Deutschland zu überwintern. Diejenigen, die in den Süden Afrikas

ziehen, kommen später im Frühjahr zurück und gründen auf dem Nest eine neue Familie. Im Sommer sieht man dann oft die ganze Familie auf den umliegenden Feldern bei der Nahrungssuche, die jungen Störche mit schwarzen Beinen und schwarzem Schnabel. Im Herbst ziehen zuerst die Jungstörche, später die Erwachsenen weg ins Winterquartier.

LANGER HALS IM FLUG

Vom etwa gleich großen Graureiher (siehe Seite 130) kann man fliegende Störche sofort am lang ausgestreckten Hals unterscheiden, vom größeren Kranich durch die helle Färbung: weiße Unterseite und weiß-schwarze Flügel.

133

Noch mehr große Vögel

Auf dieser Seite finden Sie noch mehr Vögel, die größer als eine Amsel sind und in Parks und Grünanlagen, auf Friedhöfen oder sogar im Garten auftauchen können.

Hohltaube 076
Columba oenas

Die Hohltaube ist die einzige Taube, die in großen Baumhöhlen in Wäldern brütet und sogar Nistkästen annimmt. Immer häufiger bleiben einzelne ganzjährig da und besuchen sogar Futterstellen.

Kuckuck 077
Cuculus canorus

Mit den markanten „kuckuck"-Rufen kündigt der Kuckuck an, wenn er ab April/Mai zurückkehrt. Das Weibchen beobachtet kleine Singvögel sehr genau und platziert im rechten Moment ein Ei in das Nest.

Mäusebussard 078
Buteo buteo

Unser häufigster Greifvogel fällt durch seine hohen „hijäh"-Rufe auf, die er beim Kreisen über Wiesen und Felder ausstößt. Oft sitzt er auch am Straßenrand, um überfahrenen Wildtieren aufzulauern.

Mittelspecht 079
Dendrocopos medius

Der fast buntspechtgroße Mittelspecht kommt in Obstgärten und Parks mit altem Baumbestand (Eichen) vor. Mit quäkenden, an Greifvögel erinnernden „gäkh"-Rufen markiert er ab Januar sein Revier.

Rotmilan `080`
Milvus milvus

Am langen rostroten Schwanz kann man den größeren Rotmilan beim Kreisen über der Landschaft gut vom Mäusebussard unterscheiden. Er taucht sogar in Siedlungen auf. Pfeift nur rund um seinen Nistplatz.

Saatkrähe `081`
Corvus frugilegus

Im Winter fallen gern Saatkrähen als Gäste aus dem Nordosten ein, die an Futterstellen Getreide und Haferflocken annehmen. Die hiesigen Saatkrähen bilden auf hohen Bäumen große Brut- und Schlafkolonien.

Seidenschwanz `082`
Bombycilla garrulus

Wenn es im hohen Norden im Winter zu wenig Nahrung gibt, ziehen riesige Scharen zu uns. In Büschen und mit Misteln bewachsenen Bäumen suchen die Seidenschwänze dann nach Beeren.

Steinkauz `083`
Athene noctua

Der weniger als taubengroße Steinkauz ist ein Bewohner der Streuobstwiesen. Dort steht er gern tagsüber auf Pfosten. Zum Nisten nimmt er spezielle Steinkauzröhren an, die in Obstbäumen angebracht sind.

Tannenhäher `084`
Nucifraga caryocatactes

Als Bergwaldvogel, der sich bevorzugt von den harten Nüsschen der Zirbelkiefern und von Haselnüssen ernährt, besucht er in den Alpengebieten auch regelmäßig Futterstellen. Dort ist er bald ziemlich zutraulich.

Turmfalke `085`
Falco tinnunculus

Der Turmfalke nimmt zum Brüten gern Nistkästen mit vorgelagertem „Balkon" an, die hoch oben angebracht werden. Dort hört man die hohen, schnellen Rufe „kjik-kjijkkjik". Bei der Jagd „rüttelt" er oft.

Große Wasservögel

Auf dieser Seite finden Sie Vögel, die größer als eine Amsel sind und die an Bächen und Flüssen, Weihern, Seen und Parkteichen, in Grünanlagen und sogar in Gärten auftauchen.

Blässhuhn 086
Fulica atra

Blässhühner, die nicht mit den Hühnern verwandt sind, besiedeln viele Stadt- und Parkteiche. Im Winter bilden sie dort große Ansammlungen, dann hört man häufig ihre kurzen „köw"-Rufe.

Graugans 087
Anser anser

An vielen Gewässern in Dörfern und Parks siedeln sich immer häufiger Graugänse an. Die geselligen Tiere verbringen die Nacht auf dem Wasser, tagsüber suchen sie an Land nach Pflanzennahrung. Nicht füttern!

Höckerschwan 088
Cygnus olor

Höckerschwäne weiden unter Wasser oder am Ufer verschiedene Pflanzen ab. Während die Paare größere Reviere verteidigen, bilden die unverpaarten Schwäne größere Ansammlungen. Nicht füttern!

Kormoran 089
Phalacrocorax carbo

Der Kormoran ist ein effektiver Unterwasserfischjäger. Er brütet in Kolonien auf Bäumen an Gewässerufern, im Winter hält er sich an vielen Flüssen und Seen auf. Trocknet nach dem Tauchen sein Gefieder.

Lachmöwe `090`
Larus ridibundus

Im Herbst und Winter mit weißem Kopf, während der Brutzeit mit dunkelbraunem Kopf – das durchdringende „chärrr" hört man das ganze Jahr. Im Winter ziehen Lachmöwen in Gruppen weit umher.

Reiherente `091`
Aythya fuligula

Reiherenten – mit dem typischen Schopf am Hinterkopf der Männchen – tauchen ziemlich lang in verschiedensten Gewässern, dabei holen sie Muscheln, Schnecken und Insektenlarven vom Grund.

Silbermöwe `092`
Larus argentatus

In vielen Küstenorten kann die große Silbermöwe ziemlich lästig werden, denn sie beschafft sich ziemlich vehement überall Nahrung, wo im Freien gespeist wird, auch Eistüten. Darum nicht füttern!

Stockente `093`
Anas platyrhynchos

Es gibt kaum ein Gewässer in den Siedlungen, an denen keine Stockenten leben. Vor allem im Winter und Frühjahr hört man die „räb räb"-Rufe, das kurze „piu" der Männchen und „wääk wäk" der Weibchen.

Teichhuhn `094`
Gallinula chloropus

Auch das Teichhuhn ist nicht mit den Hühnern verwandt. Meist sucht es am Ufer nach tierischer und pflanzlicher Nahrung. Bei Störung verschwindet es zwischen den Uferpflanzen. Nimmt Haferflocken an.

Zwergtaucher `095`
Tachybaptus ruficollis

Der Zwergtaucher, der wie ein großes Entenküken wirkt, brütet gern zwischen den dichten Uferpflanzen von Teichen und Seen, taucht im Winter an Siedlungsgewässern auf. Ruft trillernd „bi bi bi".

NÜTZLICHE ADRESSEN

Naturschutzbund Deutschland (NABU) e. V.
NABU-Bundesgeschäftsstelle
Charitéstraße 3, D-10117 Berlin
www.nabu.de

LBV – Landesbund für Vogelschutz in Bayern e. V.
Eisvogelweg 1, D-91161 Hilpoltstein
www.lbv.de

BirdLife Österreich – Gesellschaft für Vogelkunde
Museumsplatz 1/10/8, A-1070 Wien
www.birdlife.at

Schweizer Vogelschutz SVS/BirdLife Schweiz
Wiedingstraße 78, CH-8036 Zürich
www.birdlife.ch

Vivara Naturschutzprodukte
Postfach 2520, D-41312 Nettetal-Kaldenkirchen
www.vivara.de

SCHWEGLER Vogel- und Naturschutzprodukte GmbH
Heinkelstraße 35, D-73614 Schorndorf
www.schwegler-natur.de

Strobel Naturschutzbedarf
Nitzschkaer Straße 29, D-04626 Schmölln-Kummer
www.naturschutzbedarf-strobel.de

ZUM WEITERLESEN, -HÖREN UND -SCHAUEN

Barthel, P. H., Dougalis, P. (2019): **Was fliegt denn da? Das Original**.
Alle Vogelarten Europas. Extra: Über 188 Vogelstimmen kostenlos mit der
KOSMOS-PLUS-App hören. 200 Seiten, KOSMOS

Berthold, P., Mohr, G. (2017): **Vögel füttern – aber richtig**. Das ganze Jahr
füttern, schützen und sicher bestimmen. 176 Seiten, KOSMOS

Dierschke, V. (2017): **Welcher Vogel ist das?** Über 440 Vogelarten Europas.
Extra: Mit KOSMOS-Erklärfilmen zur sicheren Bestimmung. 256 Seiten,
KOSMOS

Schmid, U. (2018): **Welcher Gartenvogel ist das?** 100 Arten erkennen und
beobachten. Alle Vogelstimmen sofort hörbar mit KOSMOS-PLUS-App.
192 Seiten, KOSMOS

Schmid, U. (2018): **Vögel – zwischen Himmel und Erde**. Reihe NaturZeit.
Ein Buch zum Schmökern. 240 Seiten, KOSMOS

Singer, D. (2019): **Was fliegt denn da? Der Fotoband**. 346 Vogelarten Europas.
Extra: Vogelstimmen und Vogelfilme auf der KOSMOS-PLUS-App.
400 Seiten, KOSMOS

Die meisten Kosmos-Bücher sind zudem auch als E-Book erhältlich.

KOSMOS-APPS

Gartenvögel
Vögel füttern und erkennen
Der Kosmos-Vogelführer
Vögel Europas bestimmen – Was fliegt denn da?

DIE AUTORIN

Bärbel Oftring liebte es schon als Kind, durch die Feld-, Fluss- und Waldland-schaft ihrer Heimat zu streifen und die Tiere und Pflanzen darin zu erkunden. Seit über 25 Jahren setzt die Diplom-Biologin ihre Liebe zur Natur als Autorin, Redakteurin und Herausgeberin von zahlreichen Sachbüchern für Kinder und Erwachsene, in erlebnisreichen Natur-forscheraktionen mit Kindern sowie in der Zusammenarbeit bei mehreren Projekten zum Vogel- und Naturschutz mit dem Ornithologen Prof. Dr. Peter Berthold in die Tat um. Ihre Bücher vermitteln auf anschauliche und interessante Weise, was es alles über Tiere und Pflanzen zu entdecken gibt, wurden bereits in viele Sprachen übersetzt und schon mehrfach mit Buchpreisen ausgezeichnet. Heute lebt die engagierte Naturforscherin mit Familie und Hund bei Böblingen.

REGISTER

Die fett gedruckten Seiten-
zahlen verweisen auf die
Artporträtseite.

BILDNACHWEIS

Mit 267 Farbfotos:
5 von **Heiko Bellmann/Frank Hecker** (S. 136 u. Mitte, Kvi 10, Khi 5, Khi 6, Khi 9), 27 von **Wolfgang Buchhorn/Frank Hecker** (S. 2 u. li., 9 o., 9 u., 15 li., 18, 33 li., 33 re., 37 li., 37 re., 41 Kreis, 46 re., 52, 54, 54 Kreis, 58, 69 re., 80, 81 li., 88, 89 re., 90, 95 re., 99 u. Mitte, 107 li., 113 re., 134 o., 136 u. re.), 1 von **Axel Halley** (S. 74), 99 von **Frank Hecker** (S. 2 o. li., 2 o. re., 2 u. re., 4, 8, 10 o., 10 u., 11 li., 11 re., 15 re., 15 Kreis, 16, 17 re., 19 li., 19 re., 21 re., 22, 22 li., 25 li., 25 re., 27 re., 31 re., 38 Kreis, 39 re., 43 re., 46 o., 50, 53 re., 55 li., 55 re., 56, 59 li., 61 li., 63 Kreis, 63 o., 63 u., 65 Kreis, 65 li., 65 re., 68, 69 li., 69 Kreis, 70, 72, 73 li., 73 re., 75 li., 75 re., 76, 79 Kreis, 79 li., 81 Kreis, 81 re., 83 re., 83 Kreis, 86, 87 Kreis, 87 o., 89 Kreis, 97 li., 97 re., 98 u. Mitte, 104, 108 Kreis, 109 li., 117 re., 119 re., 125 Kreis, 129 Kreis, 130 li., 130 Kreis, 133 li., 135 o. Mitte, 135 o. re., 135 u. li., 135 u. Mitte, 136 o., 136 u. li., 137 o. li., 137 o. Mitte, 137 u. li., Kvi 1, Kvi 2, Kvi 3, Kvi 4, Kvi 5, Kvi 6, Kvi 7, Kvi 8, Kvi 9, Khi 1, Khi 2, Khi 3, Khi 4, Khi 8, Khi 10, Kva beide, Kha), 1 von **Arto Juvonen/birdphoto.fi** (S. 27 li.), 12 von **Frank Leo/fokus-natur.de** (S. 17 li., 51 li., 61 re., 64, 71 li., 84, 89 li., 91 re., 93 li., 95 li., 99 o. re., 108), 1 von **mauritius images/P. Widmann** (Khi 7), 2 von **Eckhard Mestel/ Frank Hecker** (S. 57 re., 137 o. re.), 1 von **Daniel Montanus** (S. 36), 3 von **Tomi Muukkonen birdphoto.fi** (S. 111 re., 21 li., 39 li.), 2 von **Jari Peltomäki/birdphoto.fi** (S. 6, 32), 15 von **Torsten Pröhl/fokus-natur.de** (S. 67 re., 71 re., 85 re., 99 u. li., 102, 103, 109 re., 115 li., 115 re., 123 li., 123 re., 125 re., 127 li., 128, 129 li.), 1 von **Rosl Rößner** (S. 144), 84 von **Mathias Schäf** (S. 1, 12, 14, 20, 24, 26, 28, 29 li., 29 re., 30, 31 li., 34, 35 li., 35 re., 38 li., 40, 41 li., 41 re., 42, 43 li., 44, 45 li., 45 re., 46 Mitte, 47 o. li., 47 o. Mitte, 47 o. re., 47 u. li., 47 u. Mitte, 47 u. re., 48, 51 re., 53 li., 57 li., 59 re., 60, 62, 66, 67 li., 77 li., 77 re., 78, 82, 83 li., 85 li., 87 u., 92, 93 re., 94, 96, 98 o., 98 u. li., 99 o. li., 99 u. re., 100, 105 li., 105 re., 106, 107 re., 112, 113 li., 114, 116, 120, 121 li., 121 re., 122, 124, 125 Mitte 126, 129 re., 131 li., 131 re., 132, 133 re., 134 u. li., 134 u. Mitte, 134 u. re., 135 o. li., 135 u. Mitte, 137 u. Mitte, 137 u. re.), 1 von **Dietmar Schmid** (S. 139), 6 von **Rudolf Schmidt/Frank Hecker** (S. 91 li., 99 o. Mitte, 105 Kreis, 110, 111 li., 127 re.), 6 von **Markus Varesvuo/birdphoto.fi** (S. 22 re., 79 re., 117 re., 118, 119 li., 138 und 1 von **Peter Zeininger** (S. 98 re.).

Abkürzungslegende:
Kvi = Klappe innen vorne,
Khi = Klappe innen hinten,
Kva = Klappe vorne außen,
Kha = Klappe hinten außen.

IMPRESSUM

Mit 267 Farbfotos (siehe Bildnachweis).
Mit 95 Vogelstimmen von **Jean C. Roché** auf der KOSMOS-PLUS-App.

Umschlaggestaltung von **GRAMISCI Editorialdesign**, München, unter Verwendung von drei Aufnahmen: Die Vorderseite zeigt einen Haussperling (Vogelfoto von **Adobe Stock/kichigin19**, Ast von **shutterstock/xpixel**), auf der Rückseite sind ebenfalls Haussperlinge zu sehen (Foto von **Mathias Schäf**).

Unser gesamtes Programm finden Sie unter **kosmos.de**
Über Neuigkeiten informieren Sie regelmäßig unsere Newsletter, einfach anmelden unter **kosmos.de/newsletter**

FSC www.fsc.org
MIX
Papier aus verantwortungsvollen Quellen
FSC® C084279

Gedruckt auf chlorfrei gebleichtem Papier

© 2019, Franckh-Kosmos Verlags-GmbH & Co. KG, Stuttgart
Alle Rechte vorbehalten
ISBN: 978-3-440-16405-1
Redaktion: Stefanie Tommes
Gestaltungskonzept: GRAMISCI Editorialdesign, München
Satz: Walter Typografie & Grafik GmbH, Würzburg
Produktion: Markus Schärtlein
Printed in Austria / Imprimé en Autriche